U0661164

Gestalt Therapy Verbatim

Gestalt

格式塔治疗丛书

主编 费俊峰

格式塔治疗实录

Gestalt Therapy Verbatim

〔德〕弗雷德里克·皮尔斯 （Frederick Perls） 著

吴艳敏 译

南京大学出版社

图书在版编目(CIP)数据

格式塔治疗实录 / (德)弗雷德里克·皮尔斯著；
吴艳敏译. —南京：南京大学出版社，2020.8(2023.4重印)
(格式塔治疗丛书 / 费俊峰主编)
书名原文：Gestalt Therapy Verbatim
ISBN 978-7-305-22769-1

Ⅰ.①格… Ⅱ.①弗…②吴… Ⅲ.①完形心理学
Ⅳ.①B84-064

中国版本图书馆 CIP 数据核字(2019)第 277645 号

Originally published by Bantam Books, 1971.

出版发行　南京大学出版社
社　　址　南京市汉口路 22 号　　　　　邮　编 210093
网　　址　http://www.NjupCo.com
出 版 人　金鑫荣
丛 书 名　格式塔治疗丛书
丛书主编　费俊峰
书　　名　格式塔治疗实录
著　　者　[德] 弗雷德里克·皮尔斯
译　　者　吴艳敏
责任编辑　付　裕
封面设计　冯晓哲

照　　排　南京紫藤制版印务中心
印　　刷　南京爱德印刷有限公司
开　　本　920×1194　1/32　印张 10.875　字数 254 千
版　　次　2020 年 8 月第 1 版　2023 年 4 月第 3 次印刷
ISBN　978-7-305-22769-1
定　　价　98.00 元

网　　址　http://www.njupco.com
官方微博　http://weibo.com/njupco
官方微信　njupress
销售咨询　(025)83594756

＊ 版权所有，侵权必究
＊ 凡购买我社版图书，如有印装质量问题，请与所购
　　图书销售部门联系调换

"格式塔治疗丛书"序一

格式塔治疗，存在之方式

［德］维尔纳·吉尔

我是维尔纳·吉尔（Werner Gill），是一名在中国做格式塔治疗的培训师，也是德国维尔茨堡整合格式塔治疗学院（Institute für Integrative Gestalttherapie Würzburg – IGW）院长。

我学习、教授和实践格式塔治疗已三十年有余。但是我的"初恋"是精神分析。

二者之间有相似性和区别吗？

格式塔治疗的创始人弗里茨和罗拉，都是开始于精神分析。他们提出了一个令人惊讶的观点：在即刻、直接、接触和创造中生活与工作。

此时此地的我汝关系。

不仅仅是考古式地通过理解生活史来探索因果关系，而且是关注当下、活力和具体行动。

成长、发展和治疗，这是接触和吸收的功能，而不仅是内省的功能。

在对我和场的充分觉察中体验、理解和行动，皮尔斯夫妇尊崇这三者联结中的现实原则。

格式塔治疗是一种和来访者及病人在不同的场中工作的方式，也是一种不以探讨对错为使命的存在方式。

现在，我们很荣幸可以为一些格式塔治疗书籍的中译本的出版提供帮助，以便广大同行直接获取。

让我们抓住机会迎接挑战。

祝好运。

（吴艳敏　译）

初　　心

施琪嘉

皮尔斯的样子看上去很粗犷，他早年就是一个不拘泥于小节的问题孩子，后来学医，学戏剧，学精神分析，学哲学。现在看来这些都是为他后来发展出来的格式塔心理治疗准备的。

他满心欢喜地写了精神分析的论文，在大会上遇见弗洛伊德，希望得到肯定和接受。然而，他失望了，因为弗洛伊德对他的论文反应冷淡。据说，这是他离开精神分析的原因。

从皮尔斯留下来的录像中可以看出，他的治疗充满激情，在美丽而神经质的女病人面前大口吸烟，思路却异常敏捷，一路紧追其后地觉察、提问。当病人癫狂发作大吼大叫并且打人毁物时，他安然坐在椅子上，适时伸手摸摸病人的手，轻轻地说，够啦，病人像听到魔咒一样安静下来。

去年全美心理变革大会上，年过九十的波尔斯特（Erving Polster）做大会发言，一名女性治疗师作为咨客上台演示。她描述了她的神经症症状，波尔斯特说，我年纪大了，听不清楚，请您到我耳边把刚才讲的再说一遍。于是那个治疗师伏在波尔斯特耳边用耳语重复了一遍。波尔斯特又说，我想请您把刚才对我说的话唱出来，那个治疗师愣了一会儿，居然当着全场数千人的面把她想说的话唱了出来。大家看见，短短十几分钟内，那个治疗师的神采出现了巨大的改变。

波尔斯特是皮尔斯同辈人，那一代前辈仍健在的已经寥寥无几，波尔斯特到九十岁，仍然在展示格式塔心理治疗中创造性的无处不在。

格式塔心理治疗结合了格式塔心理学、现象学、存在主义哲学、精神分析、场理论等学派，成为临床上极其灵活、实用和具有存在感的一个流派。

本人在临床上印象最深的一次格式塔心理治疗情景为，一名十五岁女孩因父亲严苛责骂而惊恐发作，经常处于恐惧、发抖、蜷缩的小女孩状态中，我请她在父亲面前把她的恐惧喊出来，她成功地在父亲面前大吼出来。后来她考上了音乐学院，成为一名歌唱专业的学生。

格式塔心理治疗培训之初重点学习的一个概念是觉察，当一个人觉察力提高后，就像热力催开的水一样，具有无穷的能量。最大的能量来自内心的那份初心，所以格式塔心理治疗让人回到原初，让事物回归真本，让万物富有意义，从而获得顿悟。

中国格式塔心理治疗经过超过八年的中德合作项目，以南京、福州作为基地，分别培养出了六届和四届总计近两百人的队伍，我们任重而道远啊！

2018 年 5 月 30 日

我做我的事，你做你的事。

我在这个世界上不是为了满足你的期待，

你在这个世界上亦非为了满足我的期待。

你是你，我是我，

如果我们偶然发现彼此，那很美好。

如果没有，那也没办法。

——弗里茨·皮尔斯

目 录

谈 话

前 言

首先我想谈一下人本主义心理学目前的发展。我们费了好大劲才摆脱了弗洛伊德主义的流毒，但是现在又进入另一个更危险的新阶段。我们进入鼓动兴奋的阶段：即刻疗愈，即刻的欢乐，即刻的感觉-觉察。我们进入吹嘘者和骗子盛行的阶段，他们觉得只要你有一些突破，你就已经被治愈了——不考虑任何成长所需的条件，也不管任何所有人都具有的真实潜能与天资。如果这变成一种时髦，那么它和那些日复一日、年复一年躺在长沙发上的心理学一样危险。至少，精神分析给我们带来的痛苦最多是让病人越来越没生气，除此之外对病人没有太多损坏，并不比这种追求快-快-快的东西更让人讨厌。精神分析师至少心怀良好的愿望。我必须说我对现在流行的情况非常担心。

我反对那些声称自己是格式塔治疗师的一点是，他们使用技术。技术是一种噱头，噱头这种东西只能在极端的情况下使用。有一大批人四处收集各种噱头——更多的噱头——并滥用它们。

这些技术、这些工具在某些关于感觉-觉察或愉悦的研讨班非常有用，给你一些你仍然活着的感觉，让你觉得那个美国人是尸体的神话不是真的，他可以是活生生的。但令人沮丧的事实是，这种让人兴奋的方式经常成为一种危险的替代活动，另外一种阻碍成长的虚假治疗。

现在的问题是，这已经不只是鼓动兴奋的事，而是牵涉整个美国文化。我们从清教徒和道德卫士到享乐主义来了个一百八十度大转弯。突然间，所有的东西都必须是有趣的、愉快的，任何严肃的参与和真正的在场（being here）都不被鼓励。

千束塑料花

沙漠不芬芳

万张平淡脸

屋内不生华

在格式塔治疗中，我们为了另外一些东西工作。我们是来促进成长、发展人类的潜能的。我们不提倡即刻的快乐、即刻的感觉-觉察和即刻的疗愈。成长是一个需要时间的过程。我们不能打个响指说："来吧，快乐起来吧！就这么办！"如果你想的话，你可以使用 LSD（致幻剂）让自己嗨起来、满身活力，但是这和我称为格式塔治疗的严肃精神工作无关。在治疗中，我们不仅会进行角色扮演，还需要填补人格的洞，让这个人重新完整、完全。这一点还是不能通过鼓动兴奋来实现。在格式塔治疗中我们有更好的方式，但它不是魔法般的捷径。你不需要躺在沙发上或经历二三十年的参禅，但是你需要投入，成长需要时间。

条件主义者①也是始于一个错误的假设。他们的基本前提——行为即"法则"——真是胡扯。就相当于我们学习呼吸、吃饭，学习走路。"生命不过是在先天基础上被条件化的过程罢了。"如果按照行为主义心理学家对行为的重组，我们能够修正自身以获得更好的自我支持，扔掉我们学会的所有人为社会规则的话，那我就支持行为主义。让我停下的似乎是焦虑，总是焦虑。如果你需要学会一种新的行为方式，你当然焦虑了。精神科医生经常害怕焦虑，他们不懂什么是焦虑。焦虑是兴奋，是我们携带的生命冲力（élan vital），当我们不确定我们需要扮演的角色时，它会停滞。如果我们不知道我们会获得满堂喝彩还是烂番茄，我们就会犹豫，于是心脏开始剧烈跳动，所有的兴奋都不能自由地流淌到活动中，舞台恐惧就出现了。其实，焦虑的公式非常简单：焦虑是此时和彼时之间的裂隙。如果你在此时的话，那么你是不会焦虑的，因为兴奋会立即流入正在进行的自发活动中。如果你在此时，你是有创造力的，你是推陈出新的。如果你的感官是开放的，就像小孩子一样，让你的眼睛和耳朵打开，那么你就会找到解决之道。

一种朝向自发性的解放，朝向对整个人格的支持——是的，是的，就是它。目前鼓动兴奋者们的伪自发性变成了享乐主义——来吧，管它呢，尽管做，让我们嗑点 LSD，让我们快点开心，快点获得感觉-觉察——不。所以在锡拉的条件化和卡律布狄斯的鼓动兴奋之间②，还有别的东西，那就是一个活生生的

---

① 此处原文为 conditioners，指的是行为主义者，行为主义学派主张人的行为是由于条件化作用而形成（本书未标明"原注"的注释皆为译注）。

② 锡拉（Scylla）和卡律布狄斯（Charybdis）来源于希腊神话，此处指在两个魔鬼之间做出选择。

有自己观点的人。

如你所知，目前美国存在着一种反抗活动。我们发现，制造物品，为物质而活，交换物品，不是生活的最终意义。我们发现生活的意义是活出来的，不是用来交换的，也不是用概念堆砌起来的理论。我们意识到操纵和控制不是生活的根本快乐。

但是我们也必须意识到，到目前为止，我们只停留在反抗层面。我们还没有革命，仍然有很多东西不具备。法西斯主义和人本主义在斗争。目前，我看这场争斗要败给法西斯主义了。还有野蛮的享乐主义者，不实际的、速效的鼓动兴奋的事物，统统和人本主义没有关系。那只是一种叛逆的反抗，也是可以的，但绝不是结局。我和很多处在绝望中的年轻人接触过，他们都看到了军事主义和原子弹的威胁，他们想要在生活中有所获得，他们想获得真实和存在的感觉。如果有什么东西可以阻止美国的崛起和衰落，那么将会是我们的年轻一代，以及你们对年轻一代的支持。为了做到这一点，只有一种方法：变得真实，学会采取自己的立场，发展自己的核心，理解存在的核心——玫瑰是玫瑰就是玫瑰。我就是我，在这一刻，我不可能是其他。这就是这本书的主旨。我给你们格式塔祈祷文，当作一种方向。格式塔中的祈祷文是：

> 我做我的事，你做你的事。
> 我在这个世界上不是为了满足你的期待，
> 你在这个世界上亦非为了满足我的期待。
> 你是你，我是我，
> 如果我们偶然发现彼此，那很美好。
> 如果没有，那也没办法。

一

　　我想从简单的想法开始，但就是因为它们太简单了，所以总
是很难理解。我想要从控制的问题开始。有两种控制：一种是来
自外界的控制——我被其他人、命令、环境等控制；另外一种是
根植在每个有机体内的控制——我自己的本性。

　　什么是有机体呢？我们把任何活的生物体都叫作有机体，具
有器官，具有自己的组织，在内部能够自我管理。有机体不是独
立于环境的，每个有机体都需要和环境进行重要物质的交换。我
们需要物理环境交换呼吸和食物等；我们需要社会环境交换友
谊、爱和愤怒。但是有机体内部有一个无与伦比的精细系统，构
成我们之所是的百万细胞中的每一个，都会将自己的内置信息传
送给总体机体，然后总体机体又照顾每一个细胞的需要，确保有
机体的各部分所需。

　　现在，首先需要考虑的是有机体总是以一个整体发挥作用
的。我们不是拥有单一的肝和心脏。我们就是肝脏和心脏以及大
脑等，尽管这么说起来有些不通。我们不是各个部分的加和而是
各部分的协作——所有不同部分及其精细的协作，形成了有机
体。传统的哲学总是认为世界是由粒子构成的。你们心知肚明这
不是真的。我们最初从一个细胞演化而来。这个细胞分化成几个
细胞，然后它们分化成其他的器官，这些器官功能各异，又彼此
需要。

　　那么，我们再来说说健康的定义。健康是一种我们所有部分
之间的恰当平衡。你们注意到我几次三番地强调是（are）这个

词，因为一旦我们开始说我们拥有一个器官或者我们拥有身体，我们就引入了一种分裂——就好像有一个拥有身体和器官的我独立存在似的。我们就是身体，我们就是某个人——"我是某某人"，"我是无名之辈"。所以问题在于存在的状态而非拥有。这也是我们称我们的取向为存在主义取向的原因：我们作为一个有机体存在——像蛤蜊一样的有机体，像动物，我们像自然界中其他动物一样与外部世界发生联系。库尔特·戈尔德施泰因（Kurt Goldstein）首先介绍了有机体是一个整体的概念，与传统医学的观点分道扬镳，传统医学认为我们拥有肝脏，我们拥有这个或那个，这些器官都能够被单独研究。他非常接近现实情况，但现实情况是生态层面的。你甚至不能分离有机体和环境。一棵植物离了环境不能生存，一个人离开他的环境，被剥夺了氧气、食物和其他东西，也不能生存。所以我们总是需要考虑世界的环节，我们自己是它的一部分。无论我们去向何处，我们都携带着世界的一部分。

现在，如果情况是这样的，那么，我们逐渐理解人和环境可以彼此交流，我们管这叫作共同世界（Mitwelt）——你和其他人共同拥有的世界。你们说着某种语言，你们有某些态度、某些行为，这两个世界在某处交叉。在这个交叉的区域，交流是可能的。你注意到当人们见面的时候，他们从开场白开始——一个人说"最近怎么样啊""天气真不错"，而另一个人回应另外一些东西。他们开始寻找共同兴趣，或者共同世界，在那里他们可能有某种共同兴趣、交流或归属感，进而我们从**我**和**你**，到达了**我们**。那么又产生一个新现象：**我们**不同于**我**和**你**。**我们**不是一个实体的存在，而是由**我**和**你**组成，是两个人相遇的边界，它持续地变化。我们在这里相遇，然后通过两个人之间的互动，我改变了，你也改变了——除非（这一点我们需要多加讨论）这两个人具有性格（character）。一旦你有了性格，你就发展出了一套僵化的系统。你的行为变得僵化、可预测，你失去了利用你的一切资源自由应对世界的能力。你被预先决定了，处理事情的方式仅有一种，即你的性格所决定的那一种。所以，当我说最丰富的、最有创造力的人是没有性格的人时，似乎有些矛盾。我们的社会要求一个人要有性格，尤其是要有好的性格，因为这样你就可预测了，你就可以被归类。

现在，我们再就有机体和环境的关系多讨论一下，为此我们引入自我边界（ego boundary）这一概念。边界定义事物。事物有自己的边界，由它和环境之间的边界所定义。这个事物本身会占据一定的空间。也许没有那么多，也许它想要更大，或者更小——又或者它不满足于自己的大小。现在在我们再介绍一个新的概念，基于不满而产生的改变的愿望。每一次你想要改变你自己，以及想要改变环境的时候，其基础总是不满（dissatisfaction）。

有机体和环境之间的边界或多或少地被我们体验为皮肤内外的东西，但这是一个极其宽泛的定义。比如，当我们呼吸的那一刻，空气进入我们的身体里面，它是算外部世界的一部分，还是已然成了我们自己的一部分呢？如果我们吃东西，我们摄入了食物，但是我们仍然可以呕吐出来，那么自我开始于哪里，而他者（otherness）又结束于何处呢？所以自我边界不是一个固定的东西。如果它是固定的，那么它又变成性格和铠甲了，就像海龟的壳一样。我们的皮肤不那么固定，呼吸和触摸等也是。自我边界是非常重要的。基本上，我们把自我边界称为自我和他人之间的区分，在格式塔治疗中我们把自我（self）用小写字母开头，我知道很多心理学家喜欢以大写字母开头（Self），就像自我是一种非常珍贵、特别有价值的东西似的。他们像挖宝一样去发现自我。如果没有他者来定义，自我将毫无意义。"我自己做这件事"意味着没有其他人做，是这个有机体在做。

现在自我边界的两种现象是认同（identification）和异化（alienation）。我认同自己的动作，我说我在移动我的胳膊。当我看到你以某种姿势坐在那里，我不会说"我坐在那儿"，我说"你坐在那儿"。我区分此地的体验和彼地的体验，这种认同体验涉及几个方面。我似乎比他者更珍贵。我们假设，我认同我的职业，然后这种认同可能变得非常强烈，如果拿掉我的职业，我感到自己不存在了，那么我可能会自杀。你可能记得 1929 年有多少人自杀，他们因为强烈地认同钱，所以失去钱的时候他们觉得不值得活着。

我们很容易认同我们的家人。如果一位家庭成员被轻视了，我们感觉自己也被如此对待。同样，你也认同你的朋友。第 146 军团的步兵感觉他们要比第 147 军团的人好，而第 147 军团的成员认为他们要比 146 军团的成员高一等。所以，在自我边界内部，总体上是团结、爱与合作，而在自我边界外部是怀疑、陌生和不熟悉。

这个边界可以是非常具有流动性的，就像当今的战争一样。比方说，随着你的空军力量的扩张，你的边界也在延伸。这就是安全、熟悉和完整性能扩展的程度。此外还有陌生感，边界外面的敌人，并且只要存在边界问题，就存在冲突。如果我们视相似性为理所当然，那么我们就感觉不到边界的存在。如果我们视差异性为理所当然，那么我们就遇到了敌意和拒绝——推开。"远离我的边界""远离我的房子""从我思想里出去"。所以你已经看到吸引和拒绝的极性——有胃口和恶心。总是有极性存在，在边界里面我们有熟悉适宜之感，在边界外是陌生感与格格不入。里面是好的，外面是坏的。我自己的上帝是对的，别人的上帝是奇怪的上帝。我的政治信仰是神圣的、是我的，别人的政治信仰是坏的。如果在战争状态，自己的士兵都是天使，而敌人都是魔鬼。我们自己的士兵照顾贫穷的家庭，而敌人则劫掠他们。所以好和坏、对和错，总是关于边界的问题，即我在栅栏的哪一边。

现在我给你们几分钟消化一下，说说你们的想法，看看我们进行了多少了。你们需要稍微让我进入你们的私人世界，或者你们需要从你们的私人世界出来，进入包含这个舞台的环境里。

Q：当一个人恋爱的时候，他的边界拓展，包含了你或者之前不在他的边界里的他者。

F：是的。自我边界变成了我们的边界：我和你与整个世界分离，在狂喜式的爱里面，世界消失了。

Q：如果两个人恋爱了，他们能接受——会那么完全地接受彼此，让他们的自我边界拓展到完全包括其他人，还是只包括和他们接触的那个人？

F：这是个非常有意思、切题的问题。对这个问题的误解酿成了很多悲剧和灾难。一般我们不怎么会爱一个人。这是非常非常罕见的。我们爱的是这个人的某个特征，要么是和我们的行为一致的，要么是与我们的行为互补的，通常都是和我们的行为互补的。我们以为自己爱上了整个人，事实上我们厌恶这个人的其他方面。所以当其他方面出现，当这个人的所作所为引起我们的厌恶的时候，我们不会说"你的这部分是让人讨厌的，但是其他部分很可爱"，我们会说"你真讨厌——离开我的生活"。

Q：但是弗里茨，这不也适用于个人吗？我们会把自己所有的部分都包含在自我边界里吗？有些东西我们拒绝包含在自我边界里，不是吗？

F：嗯，等我们谈论内在分裂（inner split）——人格的碎片时，会说到这一点。一旦你说"我接受我自己的某些东西"，你就把自己分成了我（I）和我自己（myself）。现在，我谈的差不多就是一个有机体的整体相遇；我说的不是病理情况。总体而言，我们之中极少数人是完整的人。

Q：那相反的情况呢，恨或强烈的愤怒？这时是不是有一种自我边界收缩的情况，这样对另外一个人的恨可以吸收他们的整个生命？

F：不会。恨是因为某种原因把一个人踢出自我边界的功能。在存在主义精神科术语中我们使用异化、否弃（disowning）。我们否弃某个人，并且如果这个人的存在继续对我们构成威胁，我们会想要消灭这个人。但这确实是一种排除，从我们的自我边界和我们自己中排除出去。

Q：嗯，我明白这点。我想要理解的是，在那样强烈的情况下——深深卷入那种情况的时候，自我边界到底是什么样的。那会不会让它们缩小，或者更僵化？

F：当然，那确实会让它们更僵化。我们先把这个话题放一放，等我说到投射的时候再谈。这是病理学的一个特例：最终我们只是爱和恨我们自己。无论我们是在自己身上还是外面发现这个爱或恨的东西，都涉及边界的打破。

Q：弗里茨，你提到了吸引和厌恶的极性，然而你可能在同一个人身上体验到这两种感觉，我觉得这会制造冲突。

F：这就是我想说的。你不是被整个人吸引，你也不是厌恶整个人。如果仔细地看，你被这个人的某个行为或一部分所吸引，你厌恶这个人的其他某个行为或一部分，如果你偶然在同一个人身上发现你所爱和所恨的东西——这当然是个问题，你会陷入进退两难的情境。讨厌一个人而喜欢另一个更简单。这一刻你发现自己恨这个人，另一刻你爱这个人，但是如果爱和恨同时出现，你就变得困惑了。这与基本原则紧密相关，即格式塔的结构总是如此，以至于只有一个图形、一个事物能进入前景——基本上，我们一次只能思考一个东西，只要两个相反的东西或者两个不同的图形想要占据有机体，我们就会混乱，我们变得分裂和碎片化。

我已经可以预见这一系列问题会把我们引向哪里。你们已经开始理解病理学究竟是怎么一回事。如果我们的某些想法、感受让我们自己无法接受，我们就会想要否弃它们。难道我想要杀你？所以我们否弃杀人的想法，说着"那不是我——是一个强迫想法（compulsion）"，或者我们消除杀人想法，或者我们压抑它，或视而不见。有很多类似的保持完整的方法，但总是只能以否弃很多我们自身有价值的部分为代价。我们仅仅活出了自己很小一部分的潜能，这一事实是由于我们不愿意——或者社会（不管你怎么叫它吧）不愿意接受我自己、你自己是生来便如此构造的有机体。你不允许你自己——或你不被允许成为完整的你。所以你的自我边界越来越收缩。你的力量、你的能量，变得越来越小，越来越少。你应对世界的能力越来越弱，并越来越僵化，越来越只能遵照你的性格、按照预设的模式来应对。

Q：自我边界是否有周期性波动？就像花一开一合，再开再合那样？

F：是的，非常类似。

Q："紧张"这个词是否意味着缩小？

F：不，它意味着压缩（compression）。

Q：那在使用毒品这一相反的情况下，自我边界在哪里——/F：你失去你的自我边界的地方。/这是你理论中说的外爆（explosion）吗？

F：这是扩张，不是外爆，外爆是非常不一样的。自我边界是一个完全自然的现象。现在，我给你一些有关自我边界的例子，我们每个人或多或少都关心的东西。这个边界、这个认同/异化边界——我更喜欢称之为自我边界，适用于我们生活中的每个情境。现在我们假设你喜欢自由运动，愿意接受黑人是和你一样的人，所以你认同黑人。那么边界在哪里呢？你和这个黑人之间的边界消失了。但是立即就创造了一个新的边界——现在敌人不再是黑人了，而是没有为自由而战的人——他们都是混蛋，都是坏人。

所以你创造了一个新的边界，我相信没有边界就无法生存——总会有"我在篱笆对的一边，而你在错的一边"，或者我们，如果你有党派。你注意到任何一个社会和社区很快地就会形成自己的边界，党派——张派总比李派好，李派好过张派等。防御边界越近，产生敌意、发生战争的机会就越大。你发现战争总是发生在边界——边界的摩擦。印度人和中国人之间比印度人和芬兰人之间更可能发生冲突。因为印度人和芬兰人之间没有边界，除非现在建立一种新的边界——比如说，一种意识形态的边界。我们都是共产党，我们是对的。我们都是自由企业家，我们是对的。所以你是坏人——不，你才是坏人。所以我们几乎不寻找共同特性、我们所共有的，而是找我们的不同，这样就可以彼此憎恨和杀戮。

Q：你认为有没有可能一个人非常充分地整合，然后变得非常客观，不会卷入任何事情中？

F：我个人认为不存在客观这回事。科学上的客观也不过是一种相互的协议罢了。几个人一起观察同一个现象，他们谈论某种客观的标准。然而主观性的第一个证据正是来自科学，是从爱因斯坦那里来的。爱因斯坦意识到宇宙中的所有现象都不可能是完全客观的，因为要计算那个外在现象，就少不了观察者及其神经系统内部的反应速度。如果你有视角，并且有更宽广的视野，那么似乎你是更公平、客观和不偏不倚。但即便如此，也是主观的你看到的。关于宇宙是什么样的，我们没有多少了解。我们只有一些器官——眼睛、耳朵、触觉器官，以及这些器官的延伸——望远镜和电子计算机。但是我们对其他有机体有什么了解？知道它们有什么样的器官，有什么样的世界吗？我们理所当然地认为人是高贵的，我们的世界——我们如何看待这个世界——是唯一正确的世界。

Q：弗里茨，让我再回到自我边界上，因为当你体验你自己的时候，当你体验到一种扩展的状态的时候，分离的感觉似乎瓦解了或消融了。在这一刻，你似乎完全沉浸在正在进行的过程中。在这一刻，似乎完全不存在自我边界，除了对正在发生什么这一过程的反思。我不太理解这和你所说的自我边界概念有什么关系。

F：对，这多少是我下一个要提到的主题。有一种整合——我知道这一用词并非完全正确——对客观和主观的整合。这就是觉察（awareness）这个词。觉察总是一种主观体验。我不可能觉察到你觉察的东西。禅宗中关于全然的觉察的想法，在我看来是胡扯。全然的觉察据我所知是不可能存在的，觉察总是有内容的。一个人总会觉察到某些事物，如果我说我什么都没感觉到，至少我感觉到了这种无（nothingness）。如果你进一步核查，就会发现它也有积极的特征，如麻木、冷或空缺。当你谈论这种幻觉性的体验时，就是一种觉察，仍然觉察到了某些事物。

所以，我们现在更进一步来看看世界和自我的关系。什么让我们对世界感兴趣？意识到外面有一个世界满足了我们什么需要？我为什么不能像一个自闭的有机体那样独自运作，完全自给自足？有一个东西，就像这个烟灰缸一样，它不是一种关联的有机体。这个烟灰缸的存在所需甚少。首先是温度。如果你把这个烟灰缸放到4000摄氏度的温度中，它就不能保持自己的身份了。它也需要一定的重力。比方说，给它施加40000磅的压力，那么它就会变成碎片。但是，为了方便，我们可以假设这个东西是自给自足的。它完全不需要和环境进行任何交换。它存在就是为了让我们把它当成放烟蒂的容器，它被清洁、被销售、被扔掉，你想伤害某人的时候还可以把它当成火箭发射。但它自己不是一个活的有机体。

一个活的有机体包含了数以千计的加工过程，需要和自身边界之外的其他介质交换。烟灰缸里也有加工过程。它有电子和原子的加工过程，但是就我们的目的而言，这些过程是不可见的，与它的存在之于我们的意义不相关。但是在一个活的有机体中，自我边界需要由我们协商，因为我们需要某些我们之外的东西。外面有食物，我需要这个食物；我想把它变成我的，像我。因此我需要喜欢这个食物。如果我不喜欢这个食物，如果它不像我，我不会碰它，我把它留在我的边界外。所以，为了跨越这个边界，有些东西需要发生，这就是我们说的接触（contact）。我们触碰，我们接触，我们伸展我们的边界至待考察的东西。如果我们是僵化的，不移动，那么它还在那儿。当我们活着的时候，我们消耗能量，我们需要能量维持这个机器。交换的过程叫作新陈代谢。新陈代谢包括有机体内部的新陈代谢和有机体与环境之间的代谢，两者持续进行，昼夜不停。

这种新陈代谢有什么法则吗？法则非常严格。我们假定我在穿越沙漠，沙漠酷热。假如我流失了 8 盎司的液体。那么我怎么知道我失水了呢？首先，通过对现象的自我觉察，在这种情况下就是"口渴"。其次，在这茫茫一片的世界里，突然有些东西出现，成为格式塔，成为前景，比如说，一口水井，或者一个水泵——或者任何能补充 8 盎司水的东西。我们的有机体失去的 8 盎司水，与外界补充的 8 盎司相互抵消。一旦这 8 盎司水进入系统，我们获得了/减少了带来平衡的水。这个过程完成后，我们开始休息，这个格式塔关闭了。那种驱动我们做事情、走这么多里路的驱力，已经实现了它的目的。

这个情境现在关闭了，下一个未完成的情境接力，这意味着我们的生命基本上是无止境的未完成情境，也就是不完整的格式塔。我们刚完成了一个情境，马上又来一个。

我经常被当成格式塔治疗的创立者。真是胡说。如果你叫我格式塔治疗的发现者或再发现者，是可以的。格式塔和这个世界本身一样古老。这个世界，尤其是任何一个有机体，都维持着自己，唯一亘古不变的法则就是格式塔的形成——整体和完整。格式塔是一种有机功能。格式塔是终极的体验单位。一旦你打破一个格式塔，它就不再是一个完整的格式塔了。举一个化学的例子，你们知道水有自己的特性，它的构成是 H_2O，所以如果你扰乱了水的格式塔，把它分成两个 H 和一个 O，它就不再是水了，它就成了氧原子和氢原子，如果你渴了，你想吸入多少氧气就吸多少，但是它不会缓解你的口渴。所以格式塔是体验现象。如果你分析它、切分它，它就变成了其他东西。你可以把它看成一个单位，就像电压里的伏特，或者力学里的单位等。

我认为格式塔治疗是目前三种存在主义治疗之一：弗兰克尔（Victor Frankl）的意义疗法（Logotherapy）、宾斯万格（Ludwig Binswanger）的存在疗法（Daseins Therapy）、格式塔治疗。重要的是格式塔治疗是第一个自立的存在主义治疗。我区分了三种类型的哲学。一个是"口头主义"（aboutism），我们不断谈论它，啥也没做成。使用科学的解释就是，你总是围着一个物质转啊转，但是从来没有触及它的核心。第二种哲学，我叫它"应该主义"（shouldism）。你应该这样，你应该改变你自己，你不应该这样做——几百万个要求，却不管被要求"应该"如何的这个人实际能做到什么。况且，大多数人期待着魔法公式，简单说一句"你应该这样做"，好像对现实有实际影响似的。

第三种哲学，我叫它存在主义。存在主义不想处理概念，而是想用觉察和现象学原则工作。现在的存在主义哲学的问题是，它们需要从别处获得支持。如果你去看存在主义学者，他们说他们不注重概念，但是如果你仔细看这些人，他们都借用其他领域的概念。布伯（Martin Buber）借用犹太教，蒂利希（Paul Tillich）借用新教，萨特借用社会主义，海德格尔借用语言，宾斯万格借用精神分析，不胜枚举。格式塔治疗是一种想要和其他东西和谐相处、共存的哲学，包括与医学、科学、宇宙及一切既已存在的东西。格式塔治疗被格式塔形成过程本身印证，因为格式塔的形成、需要的出现，是一种基本的生物现象。

所以我们摒弃全部本能理论，就把有机体看成一个平衡的系统，这个系统需要恰当地发挥功能。任何不平衡都会引起修正这个不平衡的需要。在现实中，我们有成千上万的未完成情境。那么我们怎么还能没有完全混乱、四分五裂呢？这是我发现的另外一个法则：从生存的角度，最紧急的情境成为控制者、主管，接管事务。当最紧急的情境出现，在任何紧急事件中，你意识到这件事情比其他的都要紧迫。如果我们这里突然着火了，那么火就比我们现在的活动更重要。如果你跑啊跑，躲过了火，突然你上气不接下气，这时你的氧气供应又比火更重要了。你停下来并吸了一口气，因为现在这对你是最重要的。

　　所以，我们现在来到了在一切病理学中最重要、最有意思的部分：自我调节和外部调节。一个让控制者害怕的无政府不是真的无政府，它是没有意义的。相反，它意味着有机体自己独自照顾自己，没有来自外界的干预和叨扰。我相信我们需要理解的一个了不起的事情是，觉察（通过以及达到它本身）即有疗效。因为带着充分的觉察，你开始觉察到有机体的自我调节，你可以让有机体接管，而不去干扰；我们可以依赖有机体自己的智慧。与此相反的是关于自我操纵、环境控制等的整个病理学，它会干扰这个有机体精妙的自我调控。

　　我们通常用"良心"（conscience）这个词来美化我们对自己的操控。在远古时代，良心被认为是上帝制造的结构。甚至康德也认为良心等同于永恒之星，是两大绝对准则之一。然后，弗洛伊德出现了，他认为良心不过是对父母的一种幻想、内摄和延续。我认为它是朝向父母的投射，不过不用太在意。有些人认为它是投射，有一个叫作超我的结构，这个结构想要掌控。如果是这样的话，为什么分析超我不能取得成功呢？为什么当我们告诉自己要表现好，要做这个那个，我们却**不**成功呢？为什么这套不管用呢？"通向地狱的路是由好意铺成的"，这一再被证实。任何想要改变的意愿，都会带来相反的结果。你们都知道这点。新年的计划，想要不同的渴望，想要控制自己的意图，所有这些通常都是竹篮打水一场空。或者在极端的情况下，这个人表面看起来是成功了，直到他开始神经崩溃。最终的出路。

如果我们愿意停留在我们内在世界的核心，不把这个核心放到计算机或其他东西上，而是真的在这个核心处，那么我们便能左右兼顾——看到任何一件事的两面。我们看到光的存在离不开没有光的状态。如果只有一样东西，你就觉察不到它。如果总是有光，你就体验不到光了。你需要光明和黑暗的交替。如果没有左就不存在右。如果我失去了我的右臂，我的核心就移动到了左边。如果有超我（superego），就一定会有低我（infraego）。弗洛伊德做了一半的工作。他看到了上位狗（top-dog）、超我，但是他漏掉了和上位狗一样强的下位狗（underdog）。如果我们进一步看看这两个小丑，他们在我们幻想的舞台中上演自我惩罚的游戏，我们经常会发现这两个性格如下所述。

上位狗通常是正直的、权威的；他最懂。他有时候是正确的，但总显得理直气壮。上位狗是一个欺凌者，总说着"你应该"和"你不应该"。上位狗的操纵手段是命令、要求，威胁灾祸会降临，比如，"如果你不如何，你就不会被爱，你不会进天堂，你会死"，等等。

下位狗的操纵手段是防御、道歉、甜言蜜语、扮演哭泣的小孩，等等。下位狗没有权力，他是小老鼠。上位狗是米老鼠。下位狗是这样的："明天吧""我尽力了""看，我一次又一次地尝试，如果再失败我也没有办法""如果我忘了你的生日，我也没办法""我是好意啊"。你看到下位狗是非常狡猾的，经常胜过上位狗，因为下位狗不像上位狗那么原始。上位狗和下位狗争夺控制权。就像父母和孩子，他们彼此争夺控制权。这个人被分成了控制者和被控制者两部分。这个内部冲突，这种上位狗和下位狗之间的斗争，永远不会停息，因为上位狗和下位狗都想要为生存而战。

　　这就是著名的自我折磨游戏的基础。我们经常理所当然地认为上位狗是对的，在很多情况下，上位狗提出不可能的近乎完美的要求。所以，如果你被完美主义诅咒了，那么你会完全沦陷。这种理想有如戒尺，给你机会恐吓自己，斥责你自己和其他人。但这个理想是不可能的，你永远不能达到。完美主义的人不会爱自己的妻子。他爱上了他的理想，他要求自己的妻子满足他期待的普洛克路斯忒斯①的床，如果她不符合，他就责备她。至于这个理想到底是什么，他却不会透露。可能会不时提到一些特点，但理想的本质是不可能、不可获得，只是一个控制的好借口，只为了能够挥起鞭子。前几天我和我的一个朋友谈话，我对她说："请谨记，错误不是罪恶。"可她完全没有如我设想的那样轻松一些。然后，我意识到如果错误不再是罪恶，那么她怎么责备其他犯错的人呢？所以总是以两种方式来运作的；如果你携带这种理想，随身携带这种完美主义理想，你就有了一个玩神经症游戏的绝佳工具，也就是自我折磨的游戏。这种自我折磨、自我唠叨、自我苛责没有尽头，它躲在"自我提升"的面具下，永远不会起效。

　　如果这个人想要满足上位狗的完美主义要求，结果就会是"神经崩溃"，或精神失常。这是下位狗的工具之一。一旦我们意识到我们行为的结构，在自我提升的例子中就是上位狗和下位狗之间的分裂，如果我们通过倾听，能够理解发生了什么，那么我

————————

①　普洛克路斯忒斯（Procrustes）是古希腊神话中的强盗，用拉长受害者的四肢或者砍掉一部分肢体的方式令他们符合他的床。

们就能让两个争斗的小丑达成和解，然后我们意识到我们不能刻意地为我们自己和其他人带来改变。这是非常有力的一点：很多人终其一生想要实现他们应该是什么这一概念，而不是实现他们自己。这种自我实现（self-actualizing）和自我意象（self-image）的实现之间的差异是非常重要的。大多数人只是为自己的意象而活。有些人有自我，大多数人是空的，因为他们忙着把自己投射成这个或那个。这仍是理想的诅咒，即你不能做自己。

每个外部控制，甚至是内化的（internalized）外部控制——你应该，都会干扰有机体健康的工作。只有一件需要控制的东西：情境。如果你理解了你所处的情境，让你所处的情境控制你的行为，那么你就学会了如何应对生活。现在你从某些情境中知道了这一点，比如开汽车。你不会依据一个程式开汽车，比如，"我想开 65 迈"。你根据情境开车。你在夜晚开车是一个速度，堵车的时候是一个速度，累的时候又是另外一个速度。你会留心情境。我们对自己越不自信，我们就越少接触我们自己和世界，就越多地想要控制。

Q：我在想乔·卡米亚（Joe Kamiya）的脑波测试和自我控制的问题。当他感到烦躁的时候，让自己冷静下来，这是一种回避吗？

F：回避什么？

Q：烦躁的原因，他用让自己平静的方式回避。我想这可能和已被缓解的烦躁的原因有关。

F：嗯，我一部分不是很明白你的想法，一部分不知道你的报告是不是准确，我所能理解的太少，所以了解得不够充分。似乎阿尔法波和有机体的自我调节是一致的，有机体来掌管，自发地活动而不是按照控制活动。我认为他描述的是，只要你想要控制什么，阿尔法波就不存在了。但是我不喜欢谈论它，因为我还没体验过这种模式。我希望能够见到。我认为它似乎是一个有意思、可能有用的小工具。

Q：我可以理解，在有机体的功能层面，像失水和补水的需要——让有机体自己发挥作用这个过程是有效的。但是当你到达关系的层面，发生了什么？然后似乎有必要区分什么是前景，什么不是。

F：你能给我们一个例子吗？

Q：比如说我处在发生了四五个紧急事件的情境中，我认为的紧急情况是，我需要发挥作用，做些事情。然后，就出现了我所说的区分，其中的一个比其余的要重要。我不是很明白有机体是如何做出像需要水这样的决定的。

F：啊，有机体不是做出决定。决定是人造的结构。有机体总是在喜好的基础上运作。

Q：我以为你说的是需要的感觉。

F：需要是首要的。如果你没有需要的话，你不会做什么。如果你不需要氧气，你就不会呼吸。

Q：我猜我——我的意思是，最紧迫的需要是你去处理的那个。

F：对的，最紧迫的需要。如果你说有五个紧急事件，我会说没有一个是紧急的，因为如果真的是紧急事件，那么它会冒出来，就不会有决定或计算。紧急事件会掌管。我们和这种紧急事件以及世界的关系，和画画很相似。你有一个白色的图形。然后你开始在这个画布上制作一些色块，然后突然出现了重新确立核心的时刻。突然画布开始发号施令，你变成了仆人。就好像你说，"这家伙想要做什么？""哪儿想要一些红色？""哪儿需要平衡?"你只是没有问问题，但你在回应。

现在我想要谈论的下一个事情是结果-收获（end-gain）和手段-媒介（means-whereby）之间的区分。结果-收获总是被需要确定的。自由选择在手段-媒介里。比如说，我需要向纽约发一个消息，这就是确定的东西，结果-收获。手段-媒介是用来发送信息的，媒介的重要性位居二级——无论你是用电话、嘴，还是信件，或电报（如果你信任它）。所以尽管麦克卢汉（Marshall Mcluhan）的论文说"媒介就是信息"，我仍然要说结果-收获是首要的东西。比如，在性里面，结果-收获就是高潮。手段-媒介可以有上百种可能。实际上，瑞士的精神科医生梅达尔·博斯（Medard Boss）也认可这一点，并以此治疗同性恋。通过让病人完全接受同性恋是获得机体满足——结果-收获，在这个例子里就是高潮——的一种手段，他就有机会改变手段-媒介。所有反常行为都是手段-媒介的变体，这同样适用于任何基本需要。如果你想要吃饭，结果-收获就是为你的系统摄入足够的卡路里。手段-媒介从简单的吃爆米花到美食鉴赏，各不相同。你越多地意识到这点，你越是能够去选择手段，开始选择所有的社会需要，即实现有机体结果的手段。

这种类型的有机体自我调节在治疗中非常重要，因为紧急的、未完成的情境会浮到表面。我们不需要挖掘：它就在那里。你可以这样来看它：里面有某个图形浮现，来到表面，然后进入外面的世界，获取我们需要的，然后回来，吸收并接受。其他的东西出现，然后重复相同的过程。

最奇怪的事情发生了。比如，你突然看到一个女人从墙上舔钙——从墙上舔石膏。这是件疯狂的事。结果是她怀孕了，需要为她的孩子补钙发展骨骼，但是她自己不知道。又或者她听着嘈杂的披头士睡觉，她的孩子只稍微哭泣了一下，她突然就醒了，因为这是紧急的。她就是为此而打造的。所以她能从声响巨大的嘈杂中撤出来，因为这不是由格式塔驱动的。但是哭泣在那里，所以哭泣浮现，成为关注的焦点。这又是一次有机体智慧的体现。有机体知道所有的事情，我们知道的很少。

Q：你说有机体知道所有的事情，我们知道的很少。如何让两者共处？我猜两者不能并存。

F：它们经常分裂，但它们可以共处。如果你把这两者放到一起，你至少是个天才，因为这意味着你可能同时具备视角、敏锐度，以及把不同的东西组合到一起的能力。

Q：那你会把有时候被叫作“本能”和“直觉”的体验，归类为整合的体验吗？

F：是的，直觉是有机体的智慧。智慧是一个整体，智力是智慧的妓女——计算机，符合的游戏：如果事情是这样，结果就是那样——所有这些计算取代了看和听正在进行的事物。因为如果你忙着操作计算机，你的能量进入思考，你就不再看和听了。

Q：这是一个矛盾的问题，因为我请你使用语言。你能说清语言和体验之间的区别吗？（皮尔斯离开了讲台，走向提问的女士，把手放到她的肩膀上，吻了她。笑声）好吧，就是这样做！

F：我感到你驱逐性地拍着我。（皮尔斯转向讲台的时候轻轻地拍着自己的肩膀）

Q：你刚才谈了自我控制，或者是内部控制和外部控制的问题。我不知道我是否理解了你的话。我觉得有时候外部控制是一种幻想——其实是你自己在控制。

F：是的，是这样的。这就是我说的自我操控或者是自我折磨。现在我说的有机体的自我调节不是一种幻觉，除非涉及的客体不在那里。这时候如果你有一个幻想，可以说这个幻想会引导着你直到真实的客体出现，然后幻想的客体和真实的客体合而为一，然后你就不需要幻想了。

我还没有谈到这种如排练等的幻想生活。这是另一种不同的情况。我说的是有机体在没有外部干扰的情况下，所具有的照顾自己的能力——不用妈妈告诉我们"这对你的健康有好处""我知道什么对你最好"，诸如此类的。

Q：我有个问题。你谈到了控制。如果真如你所说，一旦有机体获得完整整合，整个有机体能够自我调节，那有机体就能照顾自己，那么控制就不再是个问题——无论是在内部还是在外部；它就成了存在之物，一直在运作。

F：就是这样，控制的本质是你开始控制手段-媒介来获得满足。结果经常是你不会满足，你只会变得筋疲力尽。

Q：我承认你说的是真的，如果我一直在计算，那么我就停止了看和听。然而问题一直跟着我，当我在白天有很多很多事情要完成的时候——

F：请等一下。我们需要区分一下——你需要完成它们是因为你有机体的需要还是由于你的社会角色？

Q：是社会角色的一部分。

F：那就是另外一回事了。我在谈论的是有机体，我说的不是我们的社会性存在。我谈论的不是伪装的存在，而是基本生物存在，我们存在的基础。而你说的是角色扮演，也许是一种谋生的手段-媒介，是一种满足基本需要（食物等）的手段-媒介。

Q：不过——我还知道这样的恼人之处——每天一开始，计算、思考、计划、安排我的一天，计划这个小时干什么，下一个小时做什么，等等。我一整天都在这样忙活。我知道这样切断了看和听，然而如果我四处转转，看看听听的话，那某些其他的事情就没有完成，我就完全混乱了。

　　F：对的。这就是一种我们的社会性存在和生物性存在相冲突的体验——混乱。

　　Q：好吧，你就这么把我留在混乱中。

　　F：是的。这就是我一直说的，就是觉察。如果你每次处在混乱状态的时候，你都能觉察到，这就是一种治疗性的东西。又说回来了，自然会接管。如果你明白这一点，和混乱待在一起，混乱自己会找到解决之道。如果你尝试自己解决，算计如何做到，或你让我给你开个方子，你只是徒增更多混乱。

二

　　我现在想谈一谈成熟。为了理解什么是成熟，我们需要先谈谈学习。我认为学习是发现（discovery）。我从这个经历中学习到一些东西。关于学习还有另一个看法：学习是训练、惯例和重复，它在一个人内部制造非自然存在物，让一个人变成机器人一般——直到他可以发现训练的意义。比如，你学习弹钢琴。首先你从训练开始。然后告一段落，然后出现了发现。啊！我知道了！原来是这样！然后你需要学习如何使用这个技术。

　　还有另外一种学习，就像给你的计算机输入信息一样，所以你积累知识，而且你知道，知识会产生更多的知识，直到你想飞到月球上去。一旦你失去感觉，这种知识、这种次级信息，或许会有用。只要你自己能够感知，只要你可以看和听，能意识到正在发生什么，你就理解了。如果你学习概念，为信息工作，那么你就没理解，你只是在解释。要明白解释和理解之间的区别并不是件容易的事，就像有时候要理解心和头脑之间的区别，以及感受和想法之间的区别一样不容易。

大多数人把解释等同于理解。两者之间有巨大的区别。就像现在，我可以向你解释很多，我可以说出很多话，帮助你建立一个我们如何发挥功能的知识模型。也许你们中一些人感到这些话和解释与你的现实生活不谋而合，这就是一种理解了。

现在我只能催眠你、说服你，让你相信我是对的。你不知道是不是这样。我只是在布道。你不会从我的话里学习。学习是一种发现；没有其他更有效的学习方式。你可以告诉孩子一千遍"火炉很热"，但这没用，孩子需要自己发现。我希望我可以协助你学习，帮助你发现你自己的一些东西。

现在你们要在这里学习什么？在格式塔治疗中我们有一个非常具体的目的，这个目的也存在于其他类型的疗法以及发现生命的方法中，至少口头上是这样。这个目的就是成熟、成长。我想找一些观众来回答关于成熟的问题。你的看法是什么？什么是成熟的人？你会如何定义一个成熟的人？我们可以从这儿开始吗？

A：皮尔斯，我已经知道答案了。

F：嗯，你知道根据格式塔真理打印出来的答案。关于成熟的人，你的定义是什么？

A：好吧，我看过一些格式塔的介绍，可能这些影响了我，但我认为成熟的人就是一个——

F：哦，如果你想给出我的公式，我不想要，因为这还是知识信息，不是理解。

A：我想要说一个整合的人能够觉察到他的不同部分，并把它们融进一个功能性整体。

F：这就是一个成熟的人吗？

A：他完全意识不到、觉察不到的部分少之又少。总会有残余——我们永远不可能完全觉察，或完全地意识到。

F：换句话说，你的成熟的人就是完整的人。

A：是的。

F：（对另一个人）能告诉我你的定义吗？

B：我想一个人了解自己并接受自己——他自己身上所有他喜欢的和不喜欢的——能够觉察到他自己的很多潜能，竭尽所能实现它们——知道自己想要什么。

F：你确实描述了一个成熟的人的很多重要特征，但是这可能也适用于儿童，你不觉得吗？

B：我认为，有时候孩子比成人还成熟。

F：谢谢你！孩子经常比成人还成熟。你注意到我们这里有了不同的方程式，或者说一个不同的公式。我们的方程不是，成人等于成熟的人。事实上，成人很少是成熟的人。我认为一个成人只是在扮演成人的角色，他扮演得越多，他其实越不成熟。（对另一个人说）你的公式是什么？

C：我首先想到的是成熟的人会时不时思考什么是一个成熟的人，不时会有一种体验让他觉得："噢！这就是一种成熟！我以前从来没有意识到。"

F：你的公式是什么？

D：一个人能觉察到自己和其他人，并且觉察到他是不完整的，对他哪里不完整也有一些觉察。

F：嗯，我会用这点定义走向成熟的人，他能意识到他的不完整。所以，目前就这些回答来看，我们会说，我们想要促进我们人格的完整。这点每个人都接受吗？

Q：你说的完整和不完整是什么意思？

F：嗯，这个词被提出来了。能请你回答吗？你说的完整和不完整是什么意思？

A：我从它开始，我觉得这是一个需要努力追求但永不会实现的目标。没有人实现过。它永远是一种生成、成长。但是，相对而言，完整的人最能觉察到自己的组成部分，最能接受它们，并实现了整合——一个持续的整合过程。

F：不完整的人这一想法最先由尼采提出，不久之后又被弗洛伊德重提。弗洛伊德的概念有些不一样。他说人格的一部分是被压抑的，是在无意识中的。但是当他谈论无意识的时候，他的意思是我们有部分潜能不能被触及。他的思想认为人和潜意识、不可触及的潜能之间存在障碍，如果我们移开障碍，我们又完全是自己了。这个观点基本上是对的，任何一种心理治疗都或多或少对丰富人格感兴趣，对释放人格中通常被叫作被压抑和抑制的部分感兴趣。

E：皮尔斯，我在想在西班牙语中"成熟"是 maduro 这个词，意思是"成熟"（动植物的成熟）。我想要指出这点。

F：谢谢你。这正是我完全同意的。在任何植物、动物中，这两种成熟是一样的。你不会找到任何动物——除了已经被人类影响了的家养动物，没有自然的动物和植物会阻碍自己的成长。那么问题是，我们是如何阻碍自己成熟的？什么阻碍了我们像植物一样成熟？"神经症"这个词非常糟糕。我也使用这个词，但是其实它应该被叫作成长障碍。换言之，所有的神经症问题越来越多地从医学领域转到教育领域。我看到越来越多所谓的"神经症"，实际是一种发展扰乱。弗洛伊德假定存在一个叫作"成熟"的东西，意味着到了这个状态你就不再向前发展了，你只会压抑。我们问的问题是：什么阻碍了你，或你自己如何阻碍了你自己的成熟和向前发展？

所以，让我们再看一看成熟。我的定义是，成熟是超越环境支持，走向自我支持。看一看没出生的婴儿。它从妈妈那里获得所有的支持——氧气、食物、温暖等一切。一旦婴儿出生，它就开始自己呼吸了。然后我们经常发现在格式塔治疗中起决定性作用的第一个症状，我们发现了僵局（impasse）。僵局在治疗中是关键的点，成长中关键的点。俄国人把僵局叫作"病灶点"（the sick point），一个俄国人没能处理，并且到目前为止其他类型的心理治疗也没能成功摆平的点。僵局是环境支持和过时的内部支持不再出现，而真正的自我支持还没有实现的时刻。婴儿自己不能呼吸，它也不再从胎盘获得氧气。我们不能说婴儿有了选择，因为它没有有意识地意图思考该做什么，但是婴儿要么死亡，要么学习如何呼吸。也许会有一些环境支持出现——被拍打，或者有氧气供应。这个"蓝色的婴儿"（blue baby）[①] 就是僵局的原型，你可以在每一种神经症中发现它。

现在婴儿开始成长。它仍然需要被照顾。一阵子之后，它开始学习某种形式的交流——第一声哭，然后开始学习说话，学习爬，学习走路，等等，一步一步地，它越来越多地调动它的潜能、内部的资源。它发现或学会越来越多地使用它的肌肉、它的感觉、它的智慧，等等。所以，从这点我得出了成熟的定义：成熟是一个从环境支持到自我支持的转变过程，治疗的目的就是不让病人依赖其他人，而是让病人在一开始意识到他可以做很多事

---

① 指婴儿因先天性心脏缺陷导致皮肤发青，这里应该是指婴儿由于缺少氧气而皮肤发青。

情，比他认为的要多得多。

在我们这个时代，一个普通人，不论你相不相信，最多只使用了 5％到 15％的潜能。一个能利用自己 25％的潜能的人，已经是一个天才了。所以 85％到 95％的潜能都流失了，没有被使用，不为我们所用。听起来挺悲哀的，是不是？原因非常简单：我们生活在老生常谈里，我们生活在模式化的行为里。我们一遍遍地扮演相同的角色。所以，如果你发现你是如何阻碍自己成长，不让自己利用你的潜能，你就有了一种让生命丰盛的方式，让你越来越能调动你自己。我们的潜能基于一种非常奇怪的态度：新鲜地活出和回顾每一秒。

能够每一秒钟回顾自身处境如何的人遇到的"麻烦"是，我们是不可预测的。好公民的角色要求一个人是可预测的，因为我们渴望安全，不想冒险，我们的恐惧是真实的，我们害怕自立，尤其害怕依靠自己的智力——这种恐惧很恐怖。那么我们怎么办呢？我们调整适应，在大多数的治疗中你都会发现适应社会是最高的目标。如果你不适应，你要么变成一个罪犯，要么是一个心理变态，或者是疯子、垮掉的一代等这一类人。总之，你不被期待，一定会被这个社会扔出去。

大多数的其他治疗试图让人适应社会。如果社会稳定，这样的方式在最初几年可能还不坏，但是现在持续快速的变化，令适应社会变得越来越困难。而且有越来越多的人不想适应社会了——他们认为这个社会腐臭了，或者还有其他的反对理由。我认为我们时代的基本人格是一种神经症的人格。这是我的一个预想，因为我相信我们生活在一个疯狂的社会里，你只能选择要么参与这集体的心理病态，要么冒险变得健康，而你也许会被钉上十字架。

如果你聚焦于自己，那么你不用再适应了——然后，无论发生什么都是浮云，你消化、理解，与所发生之事同在。在发生的过程里，焦虑的症状非常非常重要，因为社会变化得越多，制造的焦虑也就越多。现在精神科医生非常害怕焦虑，我却不害怕。我对焦虑的定义是，焦虑是现在和未来之间的空隙。每一次你离开现在的确定基地，被未来笼罩，你都会体验到焦虑。如果未来代表着一种表演，那么这种焦虑就只是一种舞台恐惧。你的脑子里满是坏事可能发生的灾难性预期，或者是相反——期待精彩的事情会发生。我们填补了现在和未来之间的空隙——用保险、计划、固定的工作，等等。换句话说，我们不愿意看到盈空（fertile void）①、未来的可能性——如果我们填满这个空，我们就没有未来，我们只有一成不变。

但是现在在一个如此迅速变化的世界，你怎么保证不变呢？自然任何想要攫住现状的人，都会越来越恐慌、害怕。通常，焦虑没有这么深入存在，它仅仅涉及我们想要扮演的角色，只是一种怯场。"我会脱离角色吗？""我会被称赞为好孩子吗？""我能获得认可吗？""我是会得到掌声，还是臭鸡蛋？"所以这些都不是存在性的选择，只是一个麻烦的选择罢了。但认识到它只是一种麻烦，不是天塌了，只是有些不舒服，是回到自己、觉醒的一部分。

我们回到基本冲突，基本冲突是，每一个个体、植物以及动物只有一个天生的目的——实现内在的自己。玫瑰就是玫瑰。玫瑰无意让自己成为袋鼠。一头大象无意成为一只鸟。在自然界，

---

① "fertile void"的字面意思是丰富的空，其中"fertile"具有"充满、丰盈"之意，正好暗合《道德经》"大盈若冲，其用不竭"中的"盈"字之意，故译作"盈空"。

除了人类，组织、健康和成长潜能都是一个整体的东西。

这一点也适用于由众人构成的有机体群或者社会。一个政权、一个社会包括数以千计的细胞，这些细胞需要被内外控制管理，每个社会都倾向于成为这样或那样的特定社会。俄国的社会想要成为某个样子，美国的社会、德国的社会、刚果部落都在实现自己——它们在改变。历史上有一个不变的规律：任何一个过度扩张自己、失去生存能力的社会，都会消失。文化起起落落。当一个社会和宇宙相抵触的时候，一旦一个社会违反了自然的法则，它也会失去自己的生存价值。所以，一旦我们离开自然的基石——宇宙和它的法则——并成为人工造物（不是作为个人，就是作为社会），那我们就失去了我们存在的理由（raison d'être）。我们失去了存在的可能性。

那么我们要在哪里发现自己呢？一方面我们在想要实现自己的个人层面上发现自己；一方面在社会中发现自己。在我们的例子中就是不断进步的美国社会，这个社会的要求可能和个人的要求不一样，所以，就存在一个基本的冲突。现在在我们的发展过程中，我们的父母、护士、老师以及其他人代表了个人社会。他们不是促进真正的成长，而是经常闯入自然的发展。

他们用两种工具来让我们远离自己的存在。其中一个工具是恐吓，它之后在治疗中会以灾难性预期的面目出现。灾难性预期听起来是这样的："如果我冒险，我就不再被爱了，我就会孤独，我会死。"这就是恐吓。然后是催眠。现在，我就在催眠你们。我在催眠你们相信我说的。我没有给你机会消化、吸收、品味我说的东西。你们听到我的声音，我想要对你们施展魔法，把我的"智慧"填进你的五脏六腑，之后你要么吸收要么吐出来，要么一边把它塞进你的电脑里，一边说着"有趣的概念"。通常，你们都知道，如果你是学生，你只被允许在考试卷上倾吐。你吞下所有信息，直到到达一定程度之后你倾吐出来，你又自由了。然而，我必须说，有时候在这个过程中你已经学习到了一些东西，可能是发现了一些有价值的东西，可能是关于你的老师、朋友的一些经历，但是基本的死知识不容易吸收。

现在让我们再回到成熟的过程。在成长的过程中，有两种选择。这个孩子要么长大，学会克服挫折，要么被溺爱。可能是因为父母回答了所有的问题而被溺爱，无论回答是对还是错，可能是因为孩子一想要什么就能获得而被溺爱——因为孩子"应该有爸爸没有的一切东西"，也可能是因为父母不知道如何让孩子受挫。你可能会很奇怪，我竟然把受挫说得这么积极。如果没有挫折，就没有需要、没有理由去调动你的资源，去发现你可以自己去做一些事情。为了不受挫——受挫是那么痛苦的体验，孩子学会了操纵环境。

在孩子的发展过程中，如果任何时候孩子的成长都被成人阻碍，任何时候都因为被父母溺爱而没有受到足够的挫折，这个孩子就会卡住。那么他不是用他的潜能来生长，而是用它来控制成人、控制世界。他不是调动自己的资源，而是依赖。他把自己的能量投入环境操纵以获得支持。他通过操控成人和洞悉他们的弱点来控制他们。随着孩子发展出操纵的手段，他就获得了性格。一个人具有的性格越多，他的潜能就越少。听起来矛盾，但是性格意味着一个人是可预测的，只有一些固定的反应，就像 T. S. 艾略特在《鸡尾酒会》（*The Cocktail Party*）里说的，"你无非是一堆陈旧的反应"。

孩子发展的特征有哪些呢？他是怎么控制世界的？他是怎么控制自己的环境的？他要求直接的支持："我该怎么做？""妈咪，

我不知道怎么做。"如果他没有获得自己想要的，他就扮演哭泣的孩子。比如，这儿有一个小女孩，她大约三岁。她总是给我演同一个节目。每次我看她的时候，她就哭。所以，今天我就很小心地不看她，她停止了哭泣，她开始寻找我。只有三岁，演技就这么高了。她知道如何折磨她的妈妈。又或者这个女孩会奉承别人，所以这个人会感觉很好，也会回馈一些东西作为回报。比如，我见过的最糟糕的诊断就是"好孩子"。一个好孩子身上总是有招人恨的顽劣儿童部分。但是通过假装服从，至少在表面上，他在贿赂大人。或者装傻寻求智力上的支持——比如问问题，是愚蠢的典型症状。就像爱因斯坦曾经对我说的："有两件事情是无限的——宇宙和人类的愚蠢。"但比实际的愚蠢更普遍的是扮演的愚蠢：关上耳朵，不听，不看。同样很重要的是扮演无助："我不能帮助我自己，我多可怜。你这么有智慧，你有这么多资源，我确信你可以帮助我。"每一次你扮演无助的时候，你就制造了一种依赖，你在玩依赖的游戏。换言之，我们让自己成为奴隶。特别是这种依赖是出于自尊的时候。如果你需要鼓励、表扬，需要有人拍你的后背，那你就让每个人成为你的裁判。

如果你不能自由处理自己的爱，你就会投射爱，然后你就想被爱，你做所有让自己更可爱的事情。如果你自我否弃，那么你总是会成为靶子，你变得依赖。如果你希望每个人都爱你，那么你是有多依赖啊！有一个无关紧要的人，然后你出现了，想要给这个人留下一个好印象，想要他爱你。永远是那招：你想要玩"你是可爱的"游戏。如果你对自己感到自在，你不爱你自己，你也不恨你自己，你就是活着。我必须承认，尤其是在美国，爱对很多人而言意味着一种风险。很多人看不起像傻瓜一样去爱的人。他们想要别人爱他们，如此一来他们就可以剥削人家了。

如果你看看自己的存在，你会意识到，饥饿、性、生存、住所和呼吸等纯生理需求的满足，只占了我们关注的事情的很少一部分，尤其是在这样一个我们被宠坏的国家里。我们不知道什么是挨饿，任何想要性的人都可以尽可能地获得满足，想要呼吸的人可以尽情地呼吸——因为空气是免税的。其余时候，我们玩游戏。我们玩的游戏范围广泛，有公开的，也有私密的。当我们思考的时候，我们大多是在幻想中和别人说话。我们扮演想要扮演的角色。为了做我们想做的事情，我们需要管理，也就是手段-媒介。

我轻视思考，仅把它当作角色扮演的一部分这件事，如今听来似乎有些奇怪。有时候，当我们说话的时候我们可能在交流，但有时候我们是在催眠。我们彼此催眠；我们也自我催眠我们是正确的。我们玩"麦德逊大道"（Madison Avenue）①，向其他人和自己灌输我们的价值观。这耗费了我们太多的能量，以至于有时候你不确信自己的角色，却不敢说一个字、一句话，除非你一遍遍地排练直到符合当时的情况。现在假设你不确信自己想扮演的角色，而且被从台下叫到台上，那么你就会像任何一个好演员一样，体验到怯场。你的兴奋水平在上升，你想要扮演一个角色，但是你不敢，所以你就抑制、限制呼吸，然后心脏泵出更多血，以满足更快的新陈代谢。然后，一旦你在舞台上扮演角色，兴奋就流入了你的表演中。如果没有的话，你的表演就会是刻板、僵硬的。

---

① 美国纽约曼哈顿区的著名大街，因为许多广告公司总部集中在这条街上，因此成为广告业的代名词。

此活动的重复变成一种习惯，同样的行为变得越来越容易——性格，固化的角色。现在，我希望大家理解了扮演角色和操纵环境是一样的。这是我们弄虚作假的方式，你经常会在文学中读到我们戴的面具，看到本应在那儿的显而易见的自我。

通过扮演特定角色来操纵环境是神经症的表现——标志着我们残余的不成熟。你们可能已经想到了：我们有多少本来应该用于创造性发展的能量，结果用到了操纵世界上。特别是，这一点适用于提问。你们知道一句谚语，"一愚发问，千智莫敌"。所有的答案都有了。大多数的问题是折磨我们自己和他人的发明而已。发展我们自己智力的方式是把问题变成陈述句。如果你把一个疑问句变成陈述句，这个问题的背景就打开了，可能性就会被提问的人自己找到。

你看我已经枯竭了。跟你们讲，演说是一种拖累。大多数教授用没精打采的样子和破锣嗓音让自己解脱，这样你们就想睡觉，不想听，就不会问让人为难的问题了。

Q：我有个问题。你能举个例子说明怎么把疑问句变成陈述句吗？

F：你刚才问了我一个问题。你能把这个问题变成陈述吗？

Q：如果能听到一些如何把问题变成陈述的例子就好了。

F："就好了。"但是我不是好人。实际上，这背后才是交流的唯一真实的手段，即命令。你真的想要说的是，"皮尔斯，告诉我一个人怎么可以做到这点"——对我发出一个要求。问号就是要求的钩子。每次你拒绝回答一个问题，你都帮助另外一个人发展了他自己的资源。学习无非就是发现有些东西是可能的。教学意味着告诉一个人有些东西是可能的。

我们追求的是一个人的成熟，移动阻碍一个人自立的障碍。

我们帮助他们从环境支持过渡到自我支持。基本上，我们通过发现僵局来完成。僵局最初发生在孩子不能从环境获得支持而自己也不能自足的时候。在陷入僵局的时刻，孩子开始通过扮演虚假的角色，扮演愚蠢、无助、虚弱、奉承等一切角色来操纵我们的环境。

任何想要有所帮助的治疗师从一开始就注定失败。病人会尽其所能让治疗师感到力不能逮，因为他要为他需要治疗师这点进行补偿。所以病人向治疗师寻求越来越多的帮助，越来越把治疗师逼到墙角，直到要么他成功地把治疗师逼疯（这也是另一种操纵手段），要么就算治疗师不服从，也至少让他感到力不从心。他会越来越把治疗师逼到他的神经症里，那么治疗也遥遥无期。

那么在格式塔治疗中我们怎么继续呢？我们用一种非常简单的方式让病人发现他自己缺失的潜能。即病人利用我这个治疗师，作为投射的屏幕，他对我的期待正是他在自己身上不能调动的部分。在这个过程中，我们奇怪地发现：我们没有人是完整的，每个人的人格都有漏洞。威尔逊·范杜森（Wilson van Dusen）在精神分裂症病人身上第一次发现了这一点，但是我相信我们每个人都有漏洞。本来应该有东西存在的地方却空无一物。很多人没有灵魂，有的人没有生殖器。有些人没有心，他们所有的能量都投注到计算和思考上。另一些人没有腿，不能站立。很多人没有眼睛，他们把眼睛投射出去，眼睛在外面的世界，他们总是生活得好像在别人的注视下一样。一个人会感觉到世界的眼睛在看着他。他成了一个镜子里的人，总是想知道自己在别人眼中是什么样的。他放弃了自己的眼睛，让世界替他看。他不是去批判，而是把批评投射出去，感觉被批评，好像站在舞台上一样。我们大多数人没有耳朵。人们期待耳朵在外面，他们说话，期待有人能听。但是谁会听呢？如果大家都能听的话，世界就太平了。

目前缺失的最重要的部分是一个核心。没有核心，任何东西都在外围转，没有可以工作、应对世界的地方。没有核心，你就不会警觉。我不知道大家有多少人看过《七武士》，一部日本电影，这里面有一个武士，他对靠近他的人非常警觉，甚至是远处的动作，他也已经感觉到了。他是如此有核心，所以发生的任何事情都能立即被感知。这就是核心在发挥作用，扎根在自己身上，是一个人可以达到的最高境界。

这些漏洞总是可见的。他们总是存在于病人对治疗师的投射中——治疗师被假定具有所有这个人不具备的特点。所以，治疗师首先为这个人提供一个机会发现他需要什么——也就是他异化和放弃的部分。然后，治疗师必须提供一个机会、情境，让这个人可以成长。手段就是我们让病人受挫，用这样的方式让他被迫发展自己的潜能。我们应用大量有技巧的挫折，所以病人被迫找到自己的路，发现自己的可能性、自己的潜能，发现他期待从治疗师那里获得的，他自己也可以做得很好。

一个人否弃的所有东西都可以恢复，恢复的手段就是理解、扮演、成为这些否弃的部分。通过让其扮演、发现他已经具有所有这些部分（他曾以为只能由其他人给他），我们就提升了他的潜能。我们越来越多地让他自立，赋予他越来越多的力量和越来越多体验的能力，直到他可以真正成为自己，应对世界。他不能通过教学、条件化、获得信息、编程、制定计划来学习这点。他需要发现，所有用于操纵的能量都可以被解决和使用，他可以学习实现自己，实现他的潜能——而非去实现一个概念，一个他想要成为的意向，这样他会抑制很多潜能，另一方面也增添了又一片虚假生活，假装成为他不是的人。如果在成长过程中，我们从社区获得的支持缺失了，那么我们就会完全失去平衡。但是一个人需要自己去发现，通过看自己、倾听自己，揭开现有的，把握自己，让自己通透不封闭，等等。主要是倾听。去倾听，去理解，去开放，都是同一个东西。你们有些人可能知道赫尔曼·黑塞（Herman Hesse）的书《悉达多》（Siddartha），里面的主角通过成为摆渡人而发现了自己人生的终极答案，他学会了倾听。他的耳朵告诉他的远远多过佛陀或任何伟大的人可以教给他的。

所以在咨询中要做的就是一步一步地让这个人重新拥有人格中被否弃的部分，直到这个人变得足够强大，可以自己协助自己成长，学会理解漏洞在哪里，漏洞的症状是什么。漏洞的症状总是可用一个词来表示：回避。我们开始变得恐惧，我们跑开。我们可能会换治疗师，我们可能换结婚对象。但是和想要回避的对象待在一起并不容易，要做到这点你需要有另一个人觉察到你在回避什么，于是一个很有意思的现象在这里发生了。当你靠近僵局，到达那个你不相信你自己可以活下来的点，旋涡就开始了。你变得绝望、困惑。突然，你什么东西（anything）都不明白了，在这里神经症变得非常清晰。神经症就是一个人看不到明显的东西。你经常会在团体里看到这点。有些东西对其他人都是显而易见的，但是处在问题中的那个人看不到；他看不到自己鼻子上的青春痘。这就是我们一遍又一遍尝试在做的事：让这个人受挫，直到他面对自己的障碍、抑制，面对他回避用眼睛看事情、用耳朵听声音，以及获得更多的肌肉、权威和安全的方式。

所以我们总是想要达到僵局，并且找到那个点：因为你没有在自己身上找到方法，便相信你于其中毫无生还的机会。当我们找到一个人卡住的点，我们将获得惊人的发现：僵局更多的是一种幻想。它在现实中根本不存在。一个人只相信他没有可调配的资源。他不过是提出很多灾难性预期来阻碍自己使用他的资源。他期待未来有不好的事情发生。"大家不会喜欢我""我可能做一些愚蠢的事情""如果我这样做的话，我就不再被爱，我会死"，如此等等。我们都有这一类的灾难性幻想，阻碍我们自己的生活和存在。我们持续地把威胁性的幻想投射到世界上，这些幻想阻碍我们做出合理的冒险，而冒险是成长和生活的一部分。

没有人真的想要渡过将为我们带来发展的僵局。我们宁可维持现状，宁可在寡淡的婚姻里，智力平平，半死不活，也不想穿过僵局。很少有人是因为想被治愈而来咨询，他们只是想改善自己的神经症。我们宁可操纵其他人为我们提供帮助，也不会自立、自己擦屁股。为了操纵其他人，我们变成控制狂、权利狂，使用各式各样的花招。我已经给了大家一些例子，扮演无助、愚蠢，以及硬汉等。关于控制狂式的人，最有意思的是他们的结局总是被控制。比如，他们制定了一个时刻表，然后开始控制，每一时刻他们都需要按照时刻表进行。所以控制狂是第一个失去自由的人。他并没有取得控制权，而且一直紧绷和催赶。

因为这种控制狂，不幸的婚姻不会被治愈，因为他们不愿意渡过僵局，不想意识到他们是如何卡住的。我可以告诉你们他们是如何卡住的。在不幸的婚姻中，丈夫和妻子都不爱他们的配偶。他们爱上了一个意象，一个幻想，一个他们认定的理想配偶。然后，他们不是为自己的期待承担责任，而是玩指责的游戏。"你应该不是这个样子。你和说明不一样。"所以说明总是对的，而真实的人是错的。这一点也适用于内部冲突，以及治疗师和病人之间的关系：你换你的伴侣，你换治疗师，你改变内部冲突的内容，但是你经常会维持现状。

如果你恰当地理解了僵局，我们就醒了，我们有了顿悟。我不能给你开个处方，因为每个人都想要不经历僵局就离开它；每个人都想要挣脱链条，这样永远不会成功。觉察，全然的体验，觉察你是如何卡住的，这才是让你恢复的东西，意识到一切就是噩梦啊，不是真实的，不是现实。心灵的顿悟发生在，比如，你意识到你爱上了一个幻想，意识到你没有和你的配偶沟通的时候。

精神错乱就是我们把幻想当成真实的。在僵局中，你总是有一点精神错乱。在僵局里，没有人可以说服你，让你知道你期待的根本是一个幻想。你把理想化的幻想当成是真的。疯子说"我是亚伯拉罕·林肯"，神经症说"我希望我是亚伯拉罕·林肯"，正常的人说"我就是我，你是你"。

三

现在我告诉你们一个不太容易理解的两难困境。它就像是一个禅宗公案——这些禅宗的问题似乎是无解的。这个公案就是：除了此时此地以外，什么都不存在。此时是当下，是一种现象，是你觉察到的，是你携带着所谓的记忆和预期的那个时刻。无论你是回忆还是预期，你都是在此时做的。过去已去，未来未至。当我说"我过去"，那不是现在，已经发生了。当我说"我想要"，这是未来，还没有发生。除了现在，什么都不可能存在。有些人因此把它变成一个程序。他们制造了一个要求："你应该活在此时此地。"而我说在此时此地生活是不可能的，然而，除了此时此地什么都没有。

那我们如何解决这个困境呢？"此时"这个词里面暗含着什

么呢？为什么理解一个简单的词——现在，要花费一年又一年的时间？如果我打开留声机，当胶片和唱针触碰的时候，也就是它们接触的时候，声音出现了。在此之前没有声音，在此之后也没有声音。如果我停止了留声机唱片，唱针还是和唱片接触，但是没有音乐了，因为那时只有绝对的此时。如果你清除了过去，或距现在三分钟之前对主题的预期，你就不能理解你现在播放的唱片。但是如果你清除了此时，什么都不会发生。所以，还是一样，无论我们是回忆还是预期，都是在此时此地发生的。

也许我会说此时不是一个标尺而是一个悬置的点，是一个零点，是空无一物，这就是此时。在我体验到一些东西的那一刻，我就谈论它，我关注它，那个时刻已经过去了。那么，谈论此时有什么用呢？有很多用处，非常之多。

让我们先来谈一谈过去。此时，我从抽屉里取出我的记忆，可能相信这些记忆等同于我的历史。这从来不是真的，因为记忆是抽象的。当下，你体验到一些东西。你体验到我，你体验到你的想法，也许你也体验到你的姿势，但是你不能体验到一切。你总是从总体的情境中撷取和你相关的格式塔。如果你把这些抽象的东西归档，然后你把它们叫作记忆。如果这些记忆是不愉快的，尤其是当它们令我们的自尊不舒服的时候，我们就改变它们。如尼采所说："记忆和骄傲在交战。记忆说，'原来是这样的'，骄傲说，'不可能是这样的'，然后记忆屈服了。"你们都知道你们撒了多少谎。你们也都知道你们有多自欺欺人，你的记忆有多少是夸大和投射，你有多少记忆被修改、歪曲。

过去已去。然而，在此时，在我们的存在里，我们携带着过去。但是很多过去，只有在存在未完成情境的情况下，我们才携带着它们。要么过去发生的事情被吸收变成我们的一部分，要么我们带着一个未完成情境，一个不完整的格式塔。我给大家一个例子，最知名的未完成情境就是我们没有原谅我们的父母。你们都知道，父母总是不对。他们要么太强，要么太弱，要么太聪明，要么太傻。如果他们很严厉的话，他们需要柔软，等等。可是你什么时候见过全对的父母？如果你想玩指责的游戏，你可以一直指责父母，让父母为你所有的问题承担责任。除非你愿意放开你的父母，否则你就继续说服自己你是个孩子。但是画上句号，放开你的父母，说出"现在，我是一个大女孩了"，这是另外一回事。这就是治疗的一部分——对父母放手，特别是原谅父母，这对大多数人是最困难的事情。

精神分析最大的错误，就是假定记忆是现实。所有所谓的创伤，被认为是神经症的根源，是病人维护自尊的发明。没有一个创伤被证明是存在的。我没见过一例不存在歪曲的童年创伤。这些都是紧抓不放的谎言，为了使不愿意成长合理化。成熟意味着为你自己的生命负责，依靠你自己。精神分析师认为过去需要为病人负责，这是在培育童年状态。病人是没有责任的——对，是创伤负责，或者俄狄浦斯情结要负责，等等。我建议大家读一本非常精彩的口袋书，汉娜·格林（Hannah Green）的《我从未许诺你一座玫瑰园》（*I Never Promised You a Rose Garden*）。你可以在书里看到一个典型的例子，女孩为了获得存在的理由、与世界斗争的基础，为了正当化她的懒惰、疾病，发明了自己的创伤。我们被告知这个发明的记忆很重要，据说整个疾病都是基于这个记忆。难怪精神分析师所有徒劳追寻我为什么是现在这个样子的努力，似乎都没有尽头，永远无法证明人自身的真正打开。

弗洛伊德终其一生向自己和别人证明性不是坏的，而且他需要科学地证明。在他的时代，科学是因果性的，即问题是由过去发生的东西引起的，就像台球杆推台球一样，台球杆是台球滚动的原因。与此同时，我们的科学态度已经变了。我们不从因果关系来看世界了：我们把世界看成一个持续进行的过程。我们回到了赫拉克利特的时代，苏格拉底之前的思想，也就是任何事物都处在流变中。我们永远不会两次踏入同一条河。换句话说，我们已经在科学领域——但不幸的是还没有在精神科学领域——实现从线性因果到思考过程的转变，从为什么到如何。

如果你问为什么，你看的是结构，看的是现在发生了什么，这是对过程更深的理解。要去理解我们或世界是如何运作的，我们唯一所需的就是这个如何。如何给我们视角和定位。如何显示了其中一个基本原则，即结构和功能的身份，是有效的。如果我们改变了结构，功能也改变了。如果我们改变了功能，结构也改变了。

我知道你想问为什么，就像每个孩子、每个不成熟的人为了获得理由、解释而问为什么。但是，为什么最多只能带来聪明的解释，但是永远不会有理解。为什么和因为在格式塔治疗中是脏话。它们只会带来合理化，是废话的二等品。我区分了三种类型的废话：鸡屎——"早上好""你感觉怎么样"，等等；牛屎——"因为"、合理化、借口；大象屎——这是当你谈论哲学、存在性格式塔治疗等的时候——正是我现在做的。为什么只能导致没有尽头地询问原因的原因的原因的原因的原因。就像弗洛伊德观察到的，每个事件都是过度决定的，有很多的原因；所有的事情汇聚到一起创造出这个特定的时刻，也就是此时。很多因素汇聚到一起创造出这个特定独特的人，也就是我。没有人能在任何一个时刻不同于他此刻的样子，所有对他应该不同的期望和祈祷都会落空。我们是什么就是什么。

　　格式塔治疗依靠两条腿走路：此时和如何。格式塔治疗的本质在于对这两个词的理解。此时涵盖了所有的存在。过去已去，未来未至。此时包括存在于此的平衡，是体验、参与、现象、觉察。如何包括了所有结构和行为，所有实际上持续存在的东西——持续的过程。所有剩下的是不相关的——计算、理解等。

　　所有的东西都扎根在觉察里。觉察是知识、沟通等的唯一基础。在沟通中，你需要理解，你想让另外一个人觉察到一些东西：觉察到你自己，觉察到另一个人注意到了什么，等等。为了达成沟通，我们需要确保我们是发送者，这意味着我们发送的信息可以被理解，也需要确保我们是接收者，也就是我们愿意倾听另一个人的声音。人们能谈论并且倾听的情况非常罕见。少数人可以只倾听不讲话。如果你忙着说话，你就没有时间倾听了。说和倾听的整合真的是一个罕见的东西。大多数人不倾听，不给予诚实的回应，而是仅仅用一个问题把另外一个人推开。立即给出一个反击，一个用以岔题、偏转和躲闪的问题，而不是倾听和回答。我们会谈论很多在发送信息、给出你自己、让其他人觉察到你的自我的过程中的阻碍，要冲破各种阻碍才会愿意向另外一个人开放——成为接收者。如果没有沟通，就没有接触，只有隔离和无聊。

　　所以，我想要强调我刚才说的，我想要你们两个人一组，彼此交流五分钟，谈论你现在对自己的实际觉察，以及你对其他人的觉察。一直着重如何——你此时如何做出行为，你如何坐着，你如何说话，所有此时发生的细节。他是如何坐着的，他看起来如何……

　　那么未来呢？关于未来我们一无所知。假设我们都有水晶球，即便这样我们也不能体验到未来。我们会体验到一个未来的幻象。所有这些都发生在此时此地。我们想象，我们预期未来，因为我们不想要有一个未来。所以最具存在性的说法是这样：我们不想拥有一个未来，我们害怕未来。我们用保险政策、现状、一成不变和任何东西填补了本该是未来的地方，以便不去体验朝向未来的任何可能性。

我们也不能站在过去的空无、开放里。我们不愿拥有永恒的概念——"一直是"——所以我们用创造的故事填补。时间在某个地方开始了。人们问："时间开始于何时？"这个问题同样也适用于未来。这简直不可思议，我们竟能没有目标地生活，不担心未来，我们可以开放，为可能出现的东西做好准备。不，我们需要确保我们没有未来，要维持现状，甚至还更好一点。但是我们千万不能冒险，我们千万不能对未来开放。一些新的、兴奋的东西会发生，有益于我们的成长。冒成长的风险太危险。我们宁可行尸走肉一样在地球上行走，也不愿危险地生活，不愿意意识到这种危险的生活比这种保险的、不冒险的安全生活更安全。

冒险这个好玩的事情是什么呢？谁有冒险的定义？冒险涉及什么？

A：受伤。

B：敢做。

C：走太远。

D：冒险的尝试。

E：招引危险。

现在你们注意到你们都看到了灾难性预期，负面的东西。你们没看到可能的收获。如果只有负面的话，你只会回避它，是不是？冒险在灾难性预期和与之相反的预期之间悬而不决。你需要看到图画的两面。你可能有收获，你也可能失去。

我生命中最重要的时刻是在我逃离德国之后，当时南非有培训精神分析师的职位，欧内斯特·琼斯（Ernest Jones）在打听谁想去。共四人：其中三人想要保证。我说我冒这个险。其余三个人都被纳粹抓走了。我冒了险，我还活着。

一个绝对健康的人，完全地和他自己及现实接触。疯狂的人，精神病性的人，或多或少与两者都完全没有接触，但大多数是既不和自己也不和世界接触。我们在精神病性和健康状态之间，这基于一个现实——我们具有这两个层面的存在。一个是现实，实际的、真实的层面，我们和现在进行的东西接触，和我们的感受、我们的感官接触。现实是对进行中的体验——实际的触摸、看、动以及做——的觉察。另外一个层面，我们没有一个好的词形容它，所以我选择用印度单词摩耶（maya)①。摩耶的意思是一些像错觉、幻想的东西，或者说得哲学一些，就像是费英格（Hans Vaihinger）的仿佛（as if）。摩耶是一个梦，一种恍惚（trance）的状态。这种幻想、这种摩耶，经常被叫作"思想"，但是如果你进一步看，你叫作"思想"的东西其实是幻想。这是排练阶段。弗洛伊德曾说："Denken ist prober arbeit"——思考是排练、尝试。不幸的是，弗洛伊德自己从来没有深入研究这个发现，因为这和他的遗传取向不一致。如果他接受自己的这种说法——"思考是排练"，他就会意识到我们的幻想活动是如何转向未来的，因为我们是在为未来排练。

我们生活在两个层面上——公开的层面，是我们正在做的，是可被观察到的、可检验的；私人的阶段，在这个阶段我们为未来想要扮演的角色做准备。你对一些不认识的人说话，你对自己

———————
① maya 是梵语，音译是"摩耶"，意思是"幻象"。

讲话，你为一个重要的事件做准备，在约会（appointment）或失望（disappointment）（任何你期待的结果）之前你对你爱的人讲话。比如，如果我问："谁想要过来工作？"你可能很快就开始了排练。"到了台上我该做什么？"等等。当然，你可能会怯场，因为你离开了现在的安全现实，掉入未来。精神科医生对焦虑症状大惊小怪，我们生活在一个焦虑的时代，但焦虑只是从此时到彼时的张力。只有少数人可以耐受这种紧张，所以他们需要用预演、计划、"确保"来填补空隙，确保他们没有未来。他们试图抓住一成不变，这当然会阻止任何成长或自发的可能性。

Q：当然过去也制造焦虑，是吗？

F：不是的。过去制造——或者说仍然伴随着未完成情境、后悔这一类的事情。如果你对你已经做的事情感到焦虑，这不是关于你做的事情的焦虑，而是关于未来会有什么惩罚出现的焦虑。

弗洛伊德曾说一个从焦虑和内疚中解放出来的人是健康的人。我已经说过焦虑了，还没有说内疚。现在，在弗洛伊德式的系统中，内疚非常复杂。在格式塔治疗中，内疚比较简单。我们把内疚看成投射的怨恨（resentment）。每当你感到内疚，找出你在怨恨什么，你的内疚就会消失，然后你会试图让另外一个人内疚。

任何未被表达而想要被表达的东西，都会让你感到不舒服。其中一个最普遍的未表达的体验，就是怨恨。这就是出类拔萃的未完成情境。如果你是有怨恨的，你就是卡住的。你既不能向前走，让它出来，表达你的愤怒，改变世界，获得满足，也不能放手，忘记令你烦恼之事。怨恨等同于心理上咬紧不放的撕咬——紧收的下巴。咬紧不放的撕咬既永远不能放松，也不能咬穿和咀嚼——这是必要的。在怨恨中，你既不能放手也不能遗忘，不能让这件事或人退入背景中，也不能积极地处理它。怨恨的表达是使你的生活更轻松一点的最重要的方式之一。现在我想要你们都做下面这个集体实验。

我想要你们每个人都做。首先你想象一个像父亲或丈夫一样的人，叫那个人的名字——无论是谁，就简单地说："某某，我怨你——"尝试让那个人听到你，就像真的交流一样，你能感觉到这点。尝试对这个人讲话，发起交流，在交流中这个人应该听你说。去觉察要动员你的幻想有多困难。表达你的怨恨——直接甩到他或她的脸上。同时，尝试认识到你不敢真的表达你的愤怒，你也不能慷慨地放手、原谅。好了，现在开始……

在治疗、成长中使用怨恨还有另外一个很大的优势。在每一个怨恨背后都存在要求。所以我现在想让你们都直接对之前那个人讲，说出怨恨背后的要求。要求是唯一真实的沟通。把你的要求公开。也把这当成自我表达：用一种祈使、命令的方式展现你的要求。我猜大家有足够的英语语法知识，都明白什么是祈使句。祈使句就像是"闭嘴！""去死吧！""做这个！"……

现在回到你向那个人表达的怨恨。回忆你具体怨恨什么。划掉怨恨这个词，说欣赏（appreciate）。欣赏你之前怨恨的。然后继续告诉这个人，你还欣赏他什么。还是尝试获得你真的在和他们沟通的感觉。

你看，如果没有欣赏，你就不会卡在这个人这里，你会忘了他。总是有另外一面。比如，我对希特勒的欣赏：如果希特勒没有获得权力的话，我可能现在已经死气沉沉，作为一名优秀的精神分析师，靠八个病人度过余生。

如果你在和某个人的沟通中遇到任何困难，那么寻找你的怨恨。怨恨可能是最糟糕的未完成情境——未完成的格式塔。如果你怨恨，你就既不能放手也不能让它释放。怨恨是一种重要的核心情绪。怨恨是对僵局——被卡住——最重要的表达。如果你感到怨恨，要能表达你的怨恨。一个未被表达的怨恨，经常被体验为或变成内疚感。每当你感到内疚，找出你正在怨恨什么，表达出来，令你的要求明朗。单是这一点就很有帮助。

觉察涵盖了，这么说吧，三层，或三个区域：对自我的觉察，对世界的觉察，以及对两者之间的觉察——中间区域的幻想，它阻碍一个人和自己或世界接触。这是弗洛伊德的伟大发现——你和世界之间有某种东西。一个人的幻想里有很多东西在进行。情结是他的叫法，或称偏见。如果你有偏见，那么你和世界的关系就受到了很大干扰和破坏。如果你想带着偏见接近一个人，你就不能触及这个人；你会总是只能接触到偏见、固化的观点。所以弗洛伊德关于中间区域的想法是完全正确的，这个中间区域、非军事区、你和世界之间的无人之境，应该被清除、倒空、洗脑，或任何你的叫法。唯一的麻烦是弗洛伊德停留在那个区域，分析这个中间的东西。他没有考虑自我觉察和对世界的觉察；他没有考虑我们可以做什么去再次接触。

和真实自我的接触的丧失，和世界的接触的丧失，都是由于这个中间区域，即我们携带着的大片摩耶领地。也就是说，有一大片幻想活动区域，消耗了我们如此多的兴奋、能量和生命力，和现实接触的能量所剩无几。现在，如果我们想让一个人变得完整，我们首先需要了解什么仅是幻想和非理性，我们需要发现一个人在哪儿有接触，和什么接触。通常如果我们工作，我们清空这个幻想的中间区域、这个摩耶，然后就会有心灵顿悟（satori）出现。突然之间，世界就在那里。你从恍惚中醒来，就像你从梦中醒来一样。你又在那里了。治疗的目的、成长的目的，就是越来越多地丢掉你的"思想"，越来越多地回到你的感觉（senses）。越来越多地和你自己及世界接触，而不是和你的幻想、偏见、理解等接触。

如果一个人混淆了摩耶和现实，如果他把幻想当成现实，那么他就是神经症，或者甚至是精神病性障碍。我给你们举一个极端的精神病性障碍的例子，精神分裂的人想象医生在跟踪他，所以他决定用拳头暴击他，并向医生开枪，而没有核对现实。另外一面，还有另外一种可能。不同于割裂摩耶和现实，我们可以整合两者，如果摩耶和现实完成了整合，我们管它叫艺术。伟大的艺术是现实的，同时也是非现实的。

幻想可以具有创造性，但是你拥有的所有幻想，无论是什么，只有在此时拥有，它才是创造性的。在此时，你使用可获得的，你一定是有创造性的。去观察一下游戏中的儿童。可获得的就是可利用的，然后一些事情发生了，一些东西从目前的状态中出现，和此时此地的东西接触。

只有一种方式能带来这种健康的自发状态，就是保留人类的真诚。或者，用老套的宗教术语说，只有一种方式能让我们重获灵魂，或者用美国人的话说，复活美国的尸体，令他苏醒。矛盾的是，为了获得这种自发性，我们需要——就像在禅宗里一样——一种最大限度的纪律。纪律就是简单地明白此时和如何，悬置不包含此时和如何的东西，把它们放到一边。

那么在格式塔治疗中我们使用什么技术呢？技术就是建立觉察连续谱（continuum of awareness）。这个觉察连续谱是有机体能够按照健康格式塔原则运作的条件：最重要的未完成情境总是会出现，而且可以被处理。如果我们阻碍自己完成这个格式塔的建构，我们就不能良好地发挥功能，就会携带着成百上千一直要求完整的未完成情境。

这个觉察连续谱似乎非常简单，只需一秒一秒地觉察正在发生什么。除非我们睡着了，否则我们总是会觉察到某些东西。然而，一旦这种觉察变得令人不悦，大多数人就会中断它。然后他们突然开始智性化（intellectualize），说屁话，跳进过去，跳进期待、良好的意图，或者精神分裂式地使用自由联想，像蚱蜢一样从一个体验跳到另一个体验，没有一个体验被体验过，只是一闪而过，留下所有未消化和未使用的现有材料。

那么，我们如何进行格式塔治疗？我提出的一切都有关觉察这一思想，一开始质疑声不断，现在已经非常流行了。纯粹的言语取向，我曾经受训的弗洛伊德式的取向，是缘木求鱼。弗洛伊德的思想是通过某种叫作自由联想的过程，你可以解放人格中被否弃的部分，让这个人来处理，然后这个人会发展出他所说的强的自我。弗洛伊德叫作联想（association）的东西，我称之为解离（*dis*sociation），为了避免体验的精神分裂式的解离。它是一个计算机游戏，一个解释-计算机游戏，完全是对是什么的体验的回避。你可以一直说到世界末日，你可以追溯你的童年记忆一直到世界末日，但是什么都不会改变。你可以联想或解离——有一百个事情和一个事件相关，但是你只能体验到一种现实。

所以，弗洛伊德最强调阻抗，我恰恰相反，最强调的是恐惧性的态度、回避和逃离。也许你们知道弗洛伊德的病，他患有数量众多的恐惧症，因为他有这些疾病，所以他当然需要避免应对回避。他的恐惧性态度是巨大的。他不能看病人的脸——不能面对和病人的相遇——所以他让病人躺在沙发上，弗洛伊德的症状成了精神分析的标志。他不能走到开放的会被摄像的地方。但是通常，如果你想一想，我们大多数人宁可回避不愉快的情境，我们调动所有的铠甲、面具等，这个过程经常被叫作"压抑"。所以，我想从病人身上找出他在回避什么。

发展的敌人就是这个痛苦的恐惧症——不愿意受一点痛苦。你看，痛苦是自然的信号。疼痛的腿、疼痛的感受在哭喊："关注我——如果你不关注我，事情会更糟。"受伤的腿在哭泣："不要走这么多路。别动。"通过理解一旦你感到有不愉快的东西，觉察连续谱就中断了——你就变得恐惧，我们将这一事实运用到格式塔治疗中。当你开始感觉到不舒服的时候，你就转移注意力。

所以治疗的药剂、发展的手段，是整合注意力和觉察。精神心理学不区分觉察和注意力。注意力是一种刻意地倾听出现的前景图形的方式，在刚才的例子中就是不愉快的东西。所以我作为治疗师的工作就是以这两种方式做催化剂：提供一种情境，这个人可以体验被卡住，也就是不愉快的感觉，我进一步让他的回避受挫，直到他愿意调动自己的资源。

真实，成熟，为自己的行为和生活负责，反应的能力，生活在此时，具有对现有之物的创造力，这些都是一个整体，是相同的东西。只有在此时，你才能和正在发生的东西接触。如果此时变得痛苦，大多数人准备把此时扔掉，避免痛苦的情境。大多数人甚至不能受苦。所以，在治疗中这个人可能就会变得恐惧、跑开或玩游戏，这会让我们的努力尽显荒谬①——就像让情境变得滑稽，或者像捕熊人的游戏一样。你们可能知道捕熊人。捕熊人把你引进来，让你过来，当你进来的时候，一把小斧头就会落

---

① 原文为拉丁文 ad absurdum。

下，然后你站在那里，鼻子、脸，或其他地方满是鲜血。如果你蠢到用头撞墙，直到你开始流血、被激怒，捕熊人会很享受，享受对你的控制，他让你感到不足、无力，而他享受他胜利的自我，这对他虚弱的自尊大有裨益。或者你碰到蒙娜丽莎的笑容。他们微笑啊微笑啊，同时一直在想着，"你真是个白痴"。没有任何东西可以穿过。或者你碰到让我们发疯的人，他们生活的唯一兴趣就是让自己、配偶和环境发疯，然后在搅乱的水里面钓鱼。

但是尽管有这些例外，任何一个具有良好意图的人都会从格式塔取向中获益，因为格式塔取向简单地说就是我们关注明显的、最表面的东西。我们不会挖到一个我们一无所知的地方，不进入所谓的"无意识"。我不相信压抑。整个关于压抑的理论都是一个谬误。我们不能压抑一个需要。我们只能压抑这种需要的某些表达。我们已经堵住一面，然后自我表达会从其他的地方出来，从我们的动作、我们的姿势，大部分从我们的声音里体现出来。一个好的治疗师不听病人制造的狗屁内容，而是听音，听韵律和犹豫。口头的交流通常是谎言。真正的交流在话语外。有一本非常好的书《神经症的声音》（*The Voice of Neurosis*），由保罗·摩西（Paul Moses）所写，他是旧金山的一名心理学家，最近去世了。他根据声音所做的诊断好过使用罗夏墨迹测验①。

所以不要听词，去听语音语调告诉你什么，动作告诉你什么，姿势告诉你什么，想象告诉你什么。如果你有耳朵，你就完全了解另外一个人。你不需要听这个人说了什么：听声音。

---

① 一种投射测验，受测者根据看到的意义模糊的墨迹图，报告自己看到了什么，一般认为受测者说出的内容反映了生活中的真实情况，多被精神分析师使用。

Per sona①——"通过声音"。声音告诉你一切东西。一个人想要表达的一切都在里面——不在词语里。我们说的大多数不是谎言就是狗屎。但是声音、手势、姿势、面部表情、心理身体语言都在那里。如果你多少学会让句子内容只演奏第二把小提琴的话，一切都在那里。如果你没有犯把语句和现实混淆的错误，如果你使用自己的眼睛和耳朵，你就会看到每个人都以这样或那样的方式表达自己。如果你有眼睛和耳朵，世界是打开的。没有人可以有秘密，因为神经症只能愚弄自己，没有其他人可以愚弄——如果他是一个好演员，或许可以愚弄别人一会儿。

在大多数精神病学中，语音语调没有被注意，只有言语接触被从总体人格中提取出来。像这样的动作——你可以看到这个年轻人用前倾表达出了多少内容——总体人格在用它的动作、姿势、声音和图像表达自己——这里有这么多无价的材料，除了关注明显的、最表面的东西，我们不需要做其他的，我们还需要给出反馈，让它们进入病人的觉察。反馈（feedback）是由卡尔·罗杰斯（Carl Rogers）引入精神科学的。但是，他大多数时候只反馈语句，然而，还有更多需要反馈的东西——一些你可能没有觉察到的，在这里治疗师的关注和觉察可能是有用的。所以和精神分析师相比，我们可以轻易地获得它，因为我们直接在眼前看到一个人的整体存在，而这是因为格式塔治疗使用眼睛和耳朵，治疗师完全在此时。他避免解释、废话，以及所有其他种类的头脑强暴（mind-fucking）。但头脑强暴就是头脑强暴。它也是一个可能掩盖其他东西的症状，但是已经有的东西都在那里。格式塔治疗和明显的东西接触。

① persona 有"人格面具，伪装，假象"之意。

四

现在让我告诉你们我是怎么看神经症的结构的。当然，我不知道接下来理论会变成什么样，因为我总是在逐渐发展和简化我正在做的。我现在认为神经症包含五个层面。

第一个层面是惯例层（cliché layer）。如果你遇到某人，你们进行惯例交流——"早上好"，握手，以及所有相遇中无意义的符号。

在惯例层后面，你发现第二层，我叫它艾瑞克·伯恩（Eric Berne）或西格蒙德·弗洛伊德层，在这层我们玩游戏、扮演角色——重要的人，霸凌者、哭泣的孩子、友善的小女孩、好男孩、任何我们选择扮演的角色。所以这些是表面的、社交的、仿佛（as-if）的一层。我们假装比我们真实感觉到的更好、更强悍、更虚弱、更有礼貌，等等。这正是精神分析师所处的地方。他们把扮演孩子当成现实，管它叫婴儿主义，试图获得孩子扮演的所有细节。

这个合成层首先需要被修通。我管它叫合成层是因为它很适合辩证思维。如果我们把辩证——正题、反题、合题——翻译为存在，我们可以说：存在、反存在和合成的存在。我们大多数的生活是一种合成存在，一种介于反存在和存在之间的妥协。比如，今天我很幸运地见到了一个没有这个虚假层的人，一个诚实的人，相对直接。但是我们大多数人都在上演一个不是我们的秀，其中没有我们的支持、我们的力量、我们真实的欲望、我们真实的才能。

现在如果我们修通了角色扮演层（role-playing），如果我们拿掉角色，我们会体验到什么呢？我们体验到反存在，我们体验到虚无、空虚。这就是我之前所说的僵局，那种被卡住和迷失的感觉。僵局以恐惧性的态度为特征——回避。我们是恐惧的，我们回避痛苦，特别是受挫的痛苦。我们被惯坏了，我们不想穿过痛苦的地狱之门：我们仍然未成熟，我们继续操纵世界，而不是遭受成长的痛苦。这就是故事。我们宁可自觉地受苦、被观看，也不愿意识到我们的盲点，或再次睁开眼睛。这是我在个体治疗中看到的最大困难。有很多事情一个人可以做，做自己的治疗，但是当一个人遇到困难，特别是僵局的时候，你开始恐惧，你进入一个旋涡，进入旋转木马状态，你不愿意经受僵局的痛苦。

在僵局后面存在非常有趣的一层，死层（death layer）或内爆层（implosive layer）。这个第四层要么表现为死亡，要么表现为对死亡的恐惧。死层和弗洛伊德所说的死亡本能没有关系。它只是因为对立的力量瘫痪了，所以看起来像是死亡。它是一种精神紧张症的瘫痪：我们把自己向一块儿拉，我们压缩、收缩我们自己，我们向内爆。一旦我们真的和这种死亡的内爆层接触，一些很有趣的事情就发生了。

内爆变成了外爆。死层焕发生机，这个外爆是与真实的人的连接，一个可以体验和表达他的情绪的人。有四种来自死层的基本外爆。当我们修通未消化吸收的丧失或死亡的时候，便有了真实的哀悼的外爆。有性受阻的人高潮的外爆，有愤怒的外爆，也有进入喜悦、大笑、生之喜悦（joi de vivre）的外爆。这些外爆和真实的人格、真实的自我连接。

现在，不要被外爆这个词吓住了。你们很多人都开过汽车。在汽车的汽缸里，每分钟有上百次外爆。这和精神紧张症的暴力性外爆不一样——那像油箱里的外爆。而且，一次单独的外爆没有意义。所谓的赖希疗法的突破，所有这些，和精神分析中的看法一样用处有限。该修通的还是要修通。

你知道，我们大多数的角色扮演都是被设计出来耗尽控制这些外爆的能量的。死层，对死亡的恐惧是，如果我们外爆，我们就会相信我们不能活下来，我们会死掉，会被迫害、被惩罚，不再被爱，等等。所以，整个预演和自我折磨的游戏继续着；我们抑制自己，控制自己。

我来给你们一个例子。曾经有一个女孩，一个女人，不久之前失去了她的孩子，她不怎么能和世界接触了。我们进行了一点工作，发现她正抓着棺材。她意识到她不愿意放开这个棺材。现在你们明白，只要她不愿意面对空洞，即这种空虚、这个无，她就不能回到生活中，回到其他人之中。这么多的爱都系缚在这里，这个棺材上，她宁可把她的生命投入有一个孩子的幻想中，即便是一个死孩子。当她能够面对她的无并体验她的哀伤的时候，她就可以回到生活里，和世界接触。

关于无的整体哲学非常迷人。在我们的文化里，"无"（nothingness）的意义和东方宗教不同。当我们说"无"的时候，存在一个空间、空虚，像死一样的东西。当东方人说"无"的时候，他说没有东西——没有实物存在。只有过程、在发生的。在严格的意义上，无不存在，因为无基于对无的觉察，所以有对无的觉察，那么还是有东西存在。我们发现当我们接受并进入这个无、空的时候，沙漠开始开花。空开始活起来，被填满。不孕育的空开始变成盈空。我越来越接近那个点——写一些关于无的哲学。我有这种感觉，就像我什么都不是，只是在发挥作用一样。"我已获得很多无。"无即是色。

Q：弗里茨，当我向外爆的时候，你表现出一种智慧，通过对我使用你的智慧，你似乎拦截了我。我认为这就是我做的——我外爆，我放开我自己，而你有点在拿我开涮。

F：哦，对。你没有意识到我做了什么。昨天我们从你害怕开始。今天早晨你释放出很多激情的能量，我在你的路上放置了越来越多的障碍，以使你变得更热烈、更确信。你看到我为你做的了吗？（弗里茨笑了）

Q：好吧，我错误地解释了它——我……

F：当然，如果你知道了，就不会有用了。我看到你开始这么享受，享受你高调的色彩，享受你拯救世界的感觉。那很美好。

Q：内爆层所有的能量来自哪里？

F：（他把两只手的手指都弯成钩状，然后把双手勾在一起，相互拉）你们看到我做了什么吗？你们看到我花了多少能量做无用功，只是用同等的力量拉我自己吗？能量来自哪里呢？用不让兴奋进入我们的感官和肌肉的方式。相反，能量进入了我们的幻想生活，进入我们当成真实的幻想生活。你可能相信，"我不能做这个。我是无助的。我需要我妻子安慰我"，你不愿意醒来，不愿意看到你可能可以安慰自己，甚至是安慰其他人。

我们的生活能量只进入我们认同的人格部分。在我们这个时代，大多数人主要认同他们的电脑。他们思考。一些人谈论智人的伟大、计算机二进制，就好像我们的智力已经战胜了人类的动物性——一个不再流行的弗洛伊德概念。今天我们在谈论社会存在和动物存在的整合。没有我们的生命力，没有我们的生理存在的话，智力只是头脑强暴。

大多数人玩两种智力游戏。一个是比较游戏，"比……更"

的游戏——我的车比你的大，我的房子比你的好，我比你伟大，我的悲惨比你惨，如此等等。另一个至关重要的游戏就是符合的游戏。你可以在很多方面见到符合的游戏。如果你想要扮演某个角色——比方说你想去一个派对，你想成为舞会上的佳丽，那么你就需要为这个角色穿上华服。你去一流的裁缝那里，你玩符合的游戏。这个礼服符合我，裁缝需要做出符合我的礼服，我需要有和礼服相配的饰品等。符合的游戏可以在两个方向上演。一个方向是我们看现实，看现实的哪部分符合我的理论、假设，以及关于现实是什么样子的幻想。或者，你可以从相反的方向开始。你相信某个特定的概念，你信仰某个流派，无论是心理学流派、弗洛伊德流派，还是行为主义流派。现在你看到如何让现实符合那个模型。就像强盗普洛克路斯忒斯一样，他把所有的人都弄到一张同样大小的床上。如果他们太高，他就砍断他们的腿；如果他们太矮，他拉长他们，直到他们符合那张床。这就是符合的游戏。

一个理论，一个概念，是一种抽象，是任何事件的一部分。如果你以这张桌子为例，你可以从这张桌子中抽象出形式，你可以抽象物质，你可以抽象颜色，你可以抽象它的金钱价值。你不能把所有的抽象放到一起组成整体，因为整体一开始就存在了，然后我们从任何我们需要这些抽象的情境中进行抽象。

现在关于心理学，我想要提出一些你在格式塔治疗中可以得出的抽象。一个是行为。我们做什么：我们观察与我们相遇的人、有机体等的结构和功能。行为主义者的伟大之处在于他们实际上是在此时此地工作。他们看、观察正在发生什么。如果我们把今天美国心理学家的条件化冲动扣除，只让他们做观察者：如果他们可以意识到改变不是通过条件化获得的，条件化总是会导致虚假，而真正的改变以另一种方式发生，那么我认为我们就可以更好地调和行为主义者和体验派了。

体验派，临床心理学家，与行为主义相比具有一个优势。他们不会把人类有机体看成一个像机器一样运作的东西。他们看到处于生命的核心的是沟通的手段，也就是觉察。你们把觉察叫作"意识"，或敏感性，或仅是对某事的觉察。我相信物质除了有延展、延续等，也有觉察。当然我们不能测量无限小的觉察的数量，比如说这张桌子，但是我们知道每一个动物、植物都有觉察，或者你也可以称它为趋性、敏感性、原生质敏感，不管你想叫它什么，觉察都在那儿，否则它们不能对阳光做出反应。我给你们另外一个例子：如果你有一株植物，你在一个地方放一些肥料，这个植物会长出朝向肥料的根。如果你现在把肥料挖出来，把它移到另外的地方，然后植物的根会向那个方向长。

所以，我在这里想要指出的是，在格式塔治疗中我们从是什么开始，看哪个抽象的东西、什么背景、什么情境会被发现，并将图形、前景体验和背景、内容、视角、情境相关联，它们共同形成了格式塔。意义是前景图形与其背景之间的关系。如果你使用"王"这个词，你需要有一个理解"王"这个词的背景，是英国的国王、象棋里的王，还是皇家奶油鸡——如果没有背景，一切都没有意义。意义不存在，它总是被特定地制造出来的。

我们有两套和世界产生联系的系统。一个叫作感觉系统，另外一个是运动系统。目前不幸的是，行为主义者用白痴的反射弧那一套，把事情都搞乱套了。感觉系统是为了定向，触碰的感觉，我们触碰世界的地方。我们也有我们用来应对事物的运动系统，我们借由这个行动的系统与世界互动。所以，一个真正健康、完整的人，需要既具备好的定向能力又有行动的能力。有时候在极端情况下，你会失去这一面或者那一面，就像在精神分裂的极端例子中一样。精神分裂的极端例子是完全后撤的人，他们缺乏行为，而偏执的类型缺乏敏感性。所以如果感觉和行为之间没有平衡的话，那么你就失常了。

很多人宁可坚持把精力耗费在不滋养他们的情境里。这种对世界的黏着，这个固化，这种过度的接触，与完全的后撤——象牙塔或紧张性木僵一样，是病理性的。在这两种情况下，接触和后撤不会流动——节奏被中断了。

生病，扮演生病，它是变得疯狂的很大一部分，无非是在寻求环境支持。如果你生病在床，有人会来照顾你，给你带来食物、温暖，你不需要出去谋生计，所以具有完全的退行。但退行不像弗洛伊德认为的那样纯粹是病理现象。退行意味着你可以后撤到一个你可以为自己提供支持的地方，一个你感觉安全的地方。我们将会在这里稍微探讨一下刻意的退行、刻意的后撤，以便发现和你不能应对的情境相比，什么是你感到舒服的情境。你会发现你在和什么接触，如果你不能和世界以及你的环境接触的话。

那么让我们做另外一个实验，可能会对你很有用。如果你困惑了、无聊了，或者有人卡住了，试一下下面这个实验：在此地和彼地之间穿梭。我想让你们所有人现在都做。闭上你的眼睛，追随你的想象，从这里到任何你喜欢的地方去……

现在下一步是回到此地的体验，此时此地……现在比较一下两个情境。大多数情况是彼地的情境比此地的情境更令人向往……现在再闭上你的眼睛。再离开，去任何你想去的地方。注意任何的改变……

现在再回到此时此地，再次比较两个情境。有改变发生吗？……现在再离开——自己一直继续这样做，直到你真的在当下的情境感到舒服，直到你来到你的感官，你开始看、听，并与这个世界在一起；直到你真的开始存在……有人愿意谈一谈这个穿梭的体验吗？

P：一开始我去了朋友的房子，房子很好。我回来了。第二次我去了我曾经闭关的河边的山，真是特别棒。然后我回来。此时我在此地，我意识到在未来工作对我是没有必要的。此时在此地对我更重要。未来自会有着落。

Q：我和一个人一起爬山，和他一起，我会付出、热爱、收获这种感觉，当我回来的时候，我仍然不满足，因为这件事在我的生活中没有变完整。所以我想要寻找一个结果。

R：我在三个地方之间转换，都是我喜欢的自然，我一个人在那里。我每次回来都感觉更平静了。

S：弗里茨，我被一个事实震惊，就是当我离开的时候我比在这里更有活力。在这里我没有多少情绪和活力——和我离开时相比，我的身体动得更少，更少在现实中。

F：你没能把活力带到此时此地？

S：有，但是不多。它们之间仍然存在差异。

F：仍然有没被打开的水库。

T：我的感觉和我回到我家客厅时一样。啊，我第一次回去的时候，没有太多感觉，回到这里的时候，我感到某种紧张。当我第二次回来的时候，还是一样，我回到这里，感到更紧张。之后我回到客厅，还能感受到我在这里体验到的那种紧张。

U：我去了一个沙漠岛，这是我小时候在梦中经常逃去躲避的地方。我享受我在那里感觉到的自由。我想做的一件事就是不穿衣服在清澈的水中裸泳。我很享受，但是同时我意识到，或我认为我更强烈地感觉到我需要人。我比过去更能觉察到我对人的需要。啊，我想我回来的时候带回来了一些想要自由的愿望。然后下一个地方我和我丈夫一起去了塔马尔派斯山登山，这是我们恋爱时去的地方。伴随的感觉是他比现在更爱我，在那里我在我们的关系中感到极大的欢喜。我也把那种感觉带回来一些，但是我想回到那种感觉，我也确实回去了。我们又去了塔马尔派斯山登山，但是随后我开始明白，在这个关系中，我没有——他承担着我的一部分，我认为我也把那个觉察带回了现在，带到当下的情境——既有喜悦，也意识到我必须一个人承担。

F：好吧，我觉得你们很多人都体验到了不少这两极的整合，彼此和此地。如果你碰到任何不舒服的情境就做这件事，你真的可以精准地找到此时此地的情境缺少了什么。通常彼地的情境让你了解你现在缺少什么以及现在有什么不同。所以，无论何时你感到无聊或紧张，总是后撤——特别是你们之中的咨询师。当病人没有带来任何有意思的事情，你睡着了，那能保存你的力量，病人要么把你叫醒，要么带着更有意思的材料回来。如果没有的话，你至少有时间打个盹儿。

后撤到一个你能获得支持的情境，然后带着重新获得的力量回到现实。你们知道大力神赫拉克勒斯[①]是自我控制的著名象征。你们知道，就是那个有强迫症的人物，他打扫了奥吉厄斯的牛棚。最重要的故事可能是赫拉克勒斯想要杀死安忒洛斯的故事。一旦安忒洛斯接触地面，他就重获他的力量，这是发生在后撤中的。当然最适量的后撤是撤回到你的身体，和你自己接触，

---

① 赫拉克勒斯（Hercules）和下文的安忒洛斯（Anteos）都是希腊神话中的神，前者是大力神，后者是相爱之神。

把注意力放到你的躯体存在，动员你的内部资源。即便你触及独自待在一个岛上的幻想，或身外一个温暖的浴缸的幻想，抑或任何未完成的情境，当你回到现实的时候你都会获得很多支持。

现在通常生命冲力、生命力，通过感觉、听、探寻、描述世界——世界是什么样的——来散发能量。这个生命力显然首先会调动核心——如果你有一个核心的话。人格的核心就是过去被叫作灵魂的东西：情绪、感受、灵性。情绪不是一个需要释放的废物。情绪是我们的行为最重要的发动机：更广泛意义上的情绪——你感觉到的一切——等待、喜悦、饥饿。这些情绪，或者基本的能量，这个生命力，显然在有机体身上是分化的，我喜欢叫它激素的分化。这种基本的激动被分化，通过肾上腺进入愤怒和恐惧，通过性腺转变成力比多。面对失去、需要调节的情况，它也许会转变成哀悼。然后这种情绪兴奋调动肌肉，激活肌肉运动系统。每一种情绪通过肌肉运动表达自己。难以想象没有肌肉运动的愤怒。难以想象没有肌肉运动的喜悦——或多或少类似舞蹈。哀悼中有呜咽和哭泣，在性中也有特定的运动，你们都知道。这些肌肉用来移动，从世界获取，触碰世界，去接触，去触碰。

任何对这种兴奋代谢的扰乱都会减少你的生命力。如果这些兴奋不能转化成特定的活动，而是停滞了，那么我们就有了被叫作焦虑的状态，那巨大的能量被抑制、拴住。Angoustia 是拉丁文中的"狭窄"。你缩窄你的胸口，以通过狭窄的通道；心脏跳动加速，为了给兴奋提供更多的氧气，如此种种。如果兴奋不能通过运动系统流入活动，那么我们就尝试让感觉系统的敏感性降低来减少兴奋。所以我们会发现各种去敏化：僵硬、堵上耳朵等——所有我之前提到过的各种形式的人格的洞。

所以，如果我们的新陈代谢被扰乱，没有我们可以依赖的核心，我们必须做些事情，我们想要做些事情，以便再次捧起生命之泉、我们存在的基础。不存在完全整合这样的事情。整合永远不会完成；成熟也永远不会完成。它是一个一直持续的过程。你不能说，"现在我吃了牛排，现在我满足了；现在我再也不会饿了"，也不是以后的生命中不再有饥饿。总有些东西需要被整合；总有东西需要学习。总是会有更丰富的成熟的可能——为你自己和你的生活承担越来越多的责任。当然，为你自己的生活承担责任与丰富经验和能力是相等的。这就是我希望在这个简短的工作坊做的——让你们明白，通过为你自己的每个情绪、动作、想法负责，你会学习到很多——放下对其他人的责任。世界不是为了你的期待存在的，你也不是为了世界的期待而活的。我们用我们的样子真诚地彼此接触，不是刻意进行接触。

责任，在一种背景下，是责任的观念。如果我为别人负责，我感到无所不能：我必须干涉他的生活。它的所有含义是，我有一种义务——我相信我有义务支持这个人。但是责任也可以写成反应-能力（response-ability）：做出反应的能力，在某个特定情境下产生想法、反应和情绪的能力。这种责任，成为一个人之所是的能力，通过"我"（I）这个词来表达。很多人同意费德恩（Paul Federn）的说法，他是弗洛伊德的朋友，他认为自我（ego）是一种物质，而我认为自我、我（I），只是认同的象征。如果我说我现在饿了，一个小时后我说我不饿，这是不矛盾的，不是谎言，因为在中间我吃了午饭。我认同我现在的状态，我也认同我之后的状态。

责任单纯意味着你愿意说"我是我""我就是我的样子——我是大力水手波派"。放掉成为有需要的孩子这一幻想或概念并不容易，那个孩子需要被爱，那个孩子害怕被拒绝，但是我们都没有为所有这些事件承担责任。就像我说的自我意识这一点，我们不愿意承担我们挑剔的责任，所以我们把批评投射到别人身上。我们不愿意为歧视承担责任，所以把它投射到外面，然后我们生活在需要被接受的永恒要求中，或者被拒绝的恐惧中。其中一个最重要的责任——这是一个重要的转变——就是为我们的投射承担责任，重新认同这些投射，成为我们投射的东西。

格式塔治疗和其他大多数类型的心理治疗的核心差异是，我们不分析，我们整合。我们希望避免混淆理解和解释的老错误。如果我们解释、诠释，可能是一个非常有意思的智力游戏，但它是虚假的活动，虚假的活动比什么都不做还要糟糕。如果你不做什么，至少你知道你没有做什么。但是如果你参与虚假的活动，你只是把时间和能量投入没有产出的工作中，你也许变得越来越习惯于去做这些无用的活动——浪费你的时间，而且万一有什么东西越来越深地进入神经症的沼泽。

如果我们能聪明智慧到理性可以主导我们的生物生活，那将是很棒的。头脑和身体的极性不是唯一的极性。除了这两个工具，人类还有其他工具。与智力和解释的认同，遗漏了总体有机体，遗漏了身体。你利用你的身体，而不是以某个身体存在。投入计算、操纵的思考越多，留给总体自我的能量越少。因为你已经给身体加上桎梏，结果就是你感觉自己谁也不是（nobody），因为你没有身体（no body）。你的生命里没有身体。难怪有这么多人，如果他们偏离日常工作的常轨，真正面对他们的无聊和生命中的空，就会患上"周日神经症"。

格式塔治疗是一种存在性的取向，这意味着我们不是只处理症状或者人格结构，也处理一个人的整个存在。这种存在，以及存在的问题，在我看来最能清晰地体现在梦中。

弗洛伊德曾经把梦叫作取道雷吉亚① (Via Regia)，通向无意识的康庄大道。我相信它是通向整合的康庄大道。我从来不知道"无意识"是什么，但我们知道梦无疑是我们所制造的最自发的产物。它不是我们有意图谋、深思熟虑的产物。梦是人类存在最自发的表达。没有什么能像梦一样自发。最荒谬的梦也不会在当时让我们觉得荒谬：我们感觉它是真实的。在生活的其他方面，无论你做什么，你仍然有某种控制或有意的干预。而梦就不是这样了。每个梦都是一个艺术品，不只是一部小说，一个荒诞的戏剧。它是不是一个好艺术品是另外一回事，但总是存在很多的运动、斗争、相遇，包罗万象。如果我的论点是正确的，我相信当然是这样，梦所有不同的部分都是我们人格的片段。因为我们的目的是让我们每个人都成为完整的人，即一个一体的人，没有冲突，那么我们就需要把梦的不同部分组合起来。我们需要重新拥有这些投射的、片段化的人格，并且重新拥有在梦中出现的隐藏潜能。

因为恐惧性的态度，因为回避觉察，很多原本是我们自己的材料、我们自己的一部分，已经被分离了，被分裂、异化、否弃、扔掉。我们剩余的潜能无法获得。但我相信大多数都是可以获得的，不过是以投射的形式。我建议我们从不可能的假设开始：我们自以为在其他人身上或世界里看到的任何东西，都只不过是投射。也许有点过分，但是真的难以想象我们投射了多少东西，我们对真正发生的事情是多么视而不见和充耳不闻。所以，重新拥有我们的感觉和理解投射将会息息相关。现实和幻想之间

① 雷吉亚，一个由两部分组成的建筑，最初是一位罗马国王的住所，后来成为罗马大祭司 (Pontifex Maximus) 的公署。

以及观察和想象之间的差异——这种区分会花不少工夫。

我们可以重新吸收，通过把我们自己完全投射到那个事或人身上，我们可以拿回我们的投射。病理性的东西总是部分投射。总体投射被称为艺术体验，这个总体投射是对那个相关事物的认同。我给你们一种想法，比如在禅宗里，在你成为刷子之前，你不许刷任何东西。

所以，我想从一个简单的实验开始，制造魔力，转化我们自己——让我们自己发生质变，成为我们显然不是的样子，学习认同我们不是的样子。让我们从一些很简单的东西开始。你们都观察我。我接下来做一些鬼脸和表情，我想让你们不用言语或声音，去复制我的表情，看看你们是否真的感觉你们变成了我和我的表情。现在注意看。跟随我，主要是面部表情……

现在我告诉你们我是怎么做的。我想象一个情境，进入那个情境，我的印象是——我认为你们大多数人都获得了不少认同的感觉，没有很多思考，就是简单地跟随。

现在让我们迈出另外一步。你来到这里对我讲话——什么都行。（当这个人说的时候，弗里茨模仿他的话、音调变化和面部表情）两人一组这样做，还是要尝试真的获得成为这个人的感觉……

现在我想让你们每个人转化到不太一样的事情上。比如，把你自己变成一条路……

现在把自己变成一辆车……

现在把自己变成一个六个月大的孩子……

现在把自己变成那个孩子的妈妈……

现在再把自己变成刚才那个孩子……

现在刚才那个妈妈……

现在还是那个孩子……

现在是两岁……

现在变成你目前的年龄，你的实际年龄……每个人都能表演这个奇迹吗？

现在，我想给你展示如何针对梦使用这个认同技术。这和精神分析师做的很不一样。通常对梦所做的是把梦切成片段，接下来是有关其含义的自由联想，并解释它。我们或许可以通过这个过程获得一些整合，但我不是很相信，因为在大多数情况下这都不过是智力游戏。你们中的很多人可能都已经被精神分析洗脑了，但是如果你想从梦里得到一些真东西，就不要解释。不要玩智力洞见的游戏，不要对它们进行自由或不自由的联想或解离。

在格式塔治疗中我们不解释梦；我们做一些更有意思的。我们想把梦带回生活中，而非分析以及更进一步地切割梦。把它们带回生活中的方式是重新活出梦，就像它们发生在现在一样。在当下演出你的梦，而不是像讲一个过去的故事一样讲述它，然后它就成为你自己的一部分，你就可以真正地参与。

如果你明白你可以对梦做什么，你就可以独立地为自己做极其多的事。选取任何旧的梦或梦的片段，都没有关系。只要一个梦被记得，它就仍然是鲜活的、可接近的，它仍然包含一个未完成的、未吸收的情境。当我们就一个梦进行工作的时候，我们经常只选取其中一小部分，因为即使是这一小点你也可以从中获得很多。

所以如果你想就自己的梦进行工作，我建议你把梦写下来，做一个梦中所有细节的清单。写出每个人、每个物品、每个情绪，然后处理这些细节，成为其中每一个。夸大地表演它，真的让自己进入每一个不同的物品。真正成为那个东西——无论在梦中那是什么——成为它。使用你的魔力，变成那只丑陋的青蛙或任何东西——没有生命的、有生命的、魔鬼，不要思考。抛开你的头脑，回到你的感觉。每一小点都是拼图游戏的一片。它们会一起组成更大的整体——一个更强、更快乐的完全真实的人格。

接下来，选取每个不同的物品、人物和部分，让它们彼此相遇，写一个剧本。我所说的"写一个剧本"是在这两个相反的部分之间进行对话，你会发现——尤其是当你获得正确的对立面的时候——它们总是会开始相互争斗。所有不同的部分——梦里的任何一部分都是你自己，是你自己的一种投射，如果存在不一致的、相抵触的方面，你使它们彼此争斗，你就获得了永恒的冲突游戏、自我折磨的游戏。随着相遇继续发展，出现一种相互学习，直到我们获得理解，学会欣赏不同，直到我们达成对立力量的一体和整合。然后内战就停止了，你的能量为你与世界的厮磨做好了准备。

你所做的每一点工作都意味着吸收一些东西。在原则上，你可以获得完整疗愈——让我们叫它疗愈或者成熟——如果你如此处理梦里的每一部分。一切都在那里。梦的形式多样，但是当你开始像这样做的时候，你会发现有更多的梦出现，并且存在性信息会越来越清晰。

所以从现在开始我想把重点放在梦的处理上。我们在梦里、梦的范围内或梦的环境里发现一切我们需要的东西。存在性的困难、人格缺失的部分，全都在那里。它直击你非存在迷雾的核心。

梦是一个发现人格洞的绝佳机会。它们以空、空白的形式出现，当你进入这些洞的周围，你会变得困惑或焦虑。有一种可怕的体验——期待，"如果我接近这个，会有灾难。我成为无"。我已经谈过一点无的哲学了。这是僵局，你回避的地方，你变得恐惧的地方。你突然困倦或回忆起一些你需要做的重要的事情。所以如果你处理梦，你最好和另外一个人一起，那个人可以提醒你在哪里回避了。理解梦意味着你意识到你在回避明显的东西。唯一的危险是另外一个人可能过快拯救了你，告诉你你正在发生什么，而不是给你自己机会去发现你自己。

每次你和梦的一点产生认同、每次你把它翻译成我的含义，你就增加了自己的活力和潜能。就像一个收账员，你把你的钱投到各个地方，那么拿回来吧。另外一方面，开始去理解浪费你能量的虚假活动，比如说当你无聊的时候。找出你真的对什么感兴趣，而不是说"我很无聊"，你和让你无聊的东西待在一起，你因它而痛苦。你用待在那里折磨你自己，同时，每次你折磨自己的时候你都是在折磨环境。你成了一个阴郁释放器。如果你享受释放阴郁，如果你可以接受它，那是可以的，因为这样整个事情就变成了积极体验。那么你在为你的行为承担责任。如果你享受自我折磨，可以。但总存在接受还是不接受的问题，接受不仅仅是忍受。接受是获得一个礼物、馈赠。平衡总是来自对是什么的感激。如果太少，你感到怨恨，如果太多，你会内疚。但是如果你获得平衡，你就在感激中成长。如果你做出牺牲，你会感到怨恨；如果你送出一个礼物，你给出一些多余的东西，你感觉良好。它是一个闭合——一个格式塔的完整。

Q：我们在和其他人一起生活的过程中实践礼仪。你能在承担责任和实践礼仪之间做个区分吗？

F：可以。你为扮演虚假的角色承担责任。你表现礼貌让另外一个人开心。

每次你使用此时和如何，并觉察到这一点，你都会成长。每一次你使用为什么的问题，你都弱化了自己的角色。你用虚假的不必要的信息自寻烦恼。你只喂养电脑、智力。而智力是智慧的妓女，是你生活的拖累。

所以简单的事实是，对抗自我异化、自我破产的恶魔——原谅我用这个词，只有重新整合的应急办法，拿回正该是你的东西。每次你把一个它或者名词变成我或动词的时候，你拿回了千分之十，并且它会累积。每次你可以整合一些东西的时候，它都给了你一个更好的舞台，你在这里又可以促进你的发展和整合。

不要试图达到完美，即你应该咀嚼你所吃的每一点，你应该在不同的部分之间停顿一下，以便你可以在开始另外一个情境之前先完成一个；把每一个名词和它变成我。不要用这些要求折磨你自己，而是意识到这是我们存在的基础，并发现这就是它的样子。它就是它应该成为的样子，它就应该是这个样子。

梦工作研讨会

　　基本上我是在团体的环境下做一种个体治疗，但是它不仅限于此；通常一个团体事件正巧发生。通常只有团体事件沦落到单纯的头脑强暴时我才干预；大多数的团体治疗无非是头脑强暴。乒乓球游戏，"谁是对的"，交换意见，解释，都是头脑强暴。如果人们这样做，我就干预。如果他们在体验，如果他们诚实表达——太棒了。通常团体是给予支持的，但如果他们只是"有帮助"，我会让他们停止。帮助者是进行干预的骗子。人们需要通过受挫——有技巧的挫败——获得成长。否则他们就没有动机发展出自己应对世界的手段和方法。但是有时候非常美好的事情确实会发生，基本上也没有很多冲突，团体里的每个人都参与。有的时候我碰到一些五周内一个字也不说的人，他们离开了，说自己改变巨大，他们做了自己的私人治疗或无论你怎么叫它吧。所以什么都可以发生。只要你不结构化它，只要你用你的直觉、眼睛和耳朵工作，那么有些事情一定会发生。

　　两年前我在美国心理学协会读了一篇论文。我宣称所有的个体治疗都会过时，指出了工作坊的优势。我相信在工作坊中，你会通过理解其他人身上发生了什么从而学习到很多，意识到他的很多冲突也是你自己的，通过认同，你得以学习。学习等于发现。你发现你自己，觉察是发现的手段。

　　现在我慢慢转到一个洞见上——工作坊和团体治疗也是过时的，明年我们会开始第一个格式塔农场。格式塔农场到目前为止还停留在想象中，但是我们已经有一些实际的材料了。我期待人数固定，大约 30 名。员工和学员之间的区分将是过时的。主要的事情是由治疗——因为缺少更合适的表达，我们暂且这么称呼它——所增强的社区精神。整个事情都是为了成长体验，我们希望这次我们可以制造真实的人，愿意采取立场的人，愿意为自己的生命承担责任的人。

　　我们在这里用格式塔治疗做工作。我们区分了两种类型的工作，其中一个是研讨会，一个是工作坊。工作坊人数非常有限，最多 15 人，我们在那种情况下工作。大型的周末研讨会具有另外的目的——让你们熟悉我们在做什么，尽管如此，我还是希望你们能学到些东西。现在这些演讲-演示的研讨会不是治疗性的工作坊。它们是一种样板情境，任何的成长体验和治疗性体验都是纯粹的巧合。

　　为了传递有关什么是格式塔治疗的观点，总是有一些人自愿和我工作，而且我想要澄清我的立场。我只为我自己负责，不为其他人负责。我不会为你们任何人承担责任，你才需要为你自己负责。幸运地或不幸地，作为治疗师，我最近获得了名不副实的名声。大约 3 年前，我终于可以接受人们总是告知我的东西，说我是个天才。这只持续了 3 个月，我发现我身上不再有可以成为天才的东西。到底是不是真的不重要。

我不是上帝，我是一个催化剂。我足够精通，能理解投射等，可以区分什么是观察，或者我是否需要在这个人的生命中扮演某个角色——他们把我当成一面哭墙、一个爸爸、一个恶棍、一个智慧的人。我作为治疗师的功能是帮助你达到对此时此地的觉察，挫败你任何想要离开的意图。这是我作为一名治疗师的存在，在治疗中的角色。我在我生活的其他很多方面还没有做到。你们瞧，像每个其他心理学家或精神科医生一样，我在外面解决我的问题。我这么喜爱整合意味着我自己的整合是不完整的。

所以如果你想变得疯狂、自杀、改善、"打开"，或者获得改变你生活的经历，那取决于你。我做我的事情，你做你的事情。任何不想为此负责的人，请不要参加这个研讨会。你来这里是出于你自己的自由意志。我不知道你有多成熟，但成人的本质是可以为他自己承担责任——为他的想法、感受等。有反对意见吗？……好。

基本上，我会说我们遇到两种类型的来访者或病人，大体上有一类是带着良好意愿来的，其余的是聪明人。聪明人通常的标志是某种特定的微笑，一种假笑，这种假笑在说，"噢，你是一个白痴！我更明白。我比你聪明，我可以控制你"。无论一个人尝试做什么都会白费力气，就像落在鸭子背上的水，不会穿透任何东西。这样的人需要相当多的工作。很多人不想要工作。每个去见治疗师的人都有点什么制胜法宝。我觉得大概90％的人来见咨询师不是为了被治愈，而是想要在神经症里如鱼得水。如果他们是权力狂，他们想获得更多的权力。如果他们是知识分子，他们想要更多的大象屎。如果他们喜欢嘲弄人，他们想要更机灵地去嘲弄，等等。

现在我们这里也有一些这样的人，在短时间内由我们处理，我经常会把他们从这个热椅子上扔出去。但是当你发现某个人真的在受苦，为干涸的存在所煎熬的时候，有了他的合作，我们可以进行相对快速的工作。

两周前我有一次绝妙的体验——不是治愈，但那至少是一种打开。这个男人是一个结巴，我让他增强他的结巴。当他结巴的时候，我问他喉咙有什么感觉，他说，"我感觉像是在掐我自己"。所以，我把自己的胳膊给他，并说，"现在，掐我"。"天啊，妈的，我可以杀了你！"他说。他真的和他的愤怒接触了，大声地说出来了，没有任何困难。所以，我向他展示他面临一个存在性选择，成为一个愤怒的人还是一个结巴。你知道一个结巴的人可以折磨你，让你处在焦虑不安中。任何没出来、不能自由流动的愤怒，会变成施虐者、动力驱动以及其他的折磨手段。

所以我们不再需要经年累月的治疗。另一方面，我经常高估我正在做的。我不是完美的，我不是什么好货，我有时候很友善，我不是无所不能的，我不能制造任何魔法，所以我有很多限制，我经常发现有些人过来不为别的目的就是想证明我是个傻子。我也知道这点，在一些情境中我是不能胜任的，我无能为力，我没有必要赢。

所以我的限制是，我保留打破任何我们所做的事情的权力，在一些案例中我甚至把人赶出去，但是在这个限制内，我是有空的，而且拜托了，只有在工作时间，我才是有空的。在这些工作时间段外，我没空。我知道有些人具有想要打扰其他人生活的冲动，一定要表演他们非常有意思的生活，一定要奔走相告他们的悲剧，等等。为了这个目的，他们需要寻找其他的受害者。除了这点，我对工作敞开，我尤其喜欢和梦工作。我相信在一个梦里，关于我们的生活中缺少的东西、我们在回避什么、我们过着什么样的生活，我们有清晰的存在性信息，并且我们有大量的材料可供我们重新吸收、重新拥有我们自己异化的部分。在格式塔治疗中，我们用小写字母 s 写"自我"（self），而非大写 S。大写字母 S 是过去时代的遗留，那时我们有灵魂、自我或其他格外特别的东西；小写的"自我"只意味着你自己——无论是好是坏，疾病还是贫穷，没别的了。

我用六种工具来发挥作用。一个是我的技术，一个是纸巾，还有热椅子，这是当你想和我一起工作的时候被邀请来的地方，还有空椅子，它将启动你人格中很大一部分以及其他——眼下让我们暂时如此称呼——人际遭遇。然后我还有我的香烟，现在我有一支很好的烟，萨满香烟，以及我的烟灰缸。最后，我需要一个愿意和我工作的人——一个愿意待在此时和梦工作的人。所以我现在有空。谁真的想要和我工作，而不是想要愚弄我？

萨 姆

萨姆（Sam）：（讲话非常快）我的名字是萨姆……①

弗里茨（Fritz）：我以前见过萨姆。我们之前见过。

S：桌对面，吃饭。

F：是的。但是你从来没和我工作过。

S：没有……

F：现在请不要改变你的姿势。你们在他的姿势上注意到

---

① 省略号表示五秒或五秒以上的停顿。——原注

什么？

X：他的上身很紧。

F：他是一个封闭的系统。他不仅仅是一个封闭的系统，而且还是左边到了右边，右边到了左边。所以，你能变得多么混淆？他还没有说任何东西，但是你可以看到他的姿势表达了多少……

S：是的，我感到非常安全。（笑声）

F：你能帮我一个忙吗？看看当你打开的时候你有什么感觉。是的……

S：我感到我的心在跳。

F：现在发生了舞台恐惧，不是那么安全。你看我会经常在中间给你一些评论——焦虑，精神科的叫法，是非常困难的问题，其实它就是舞台恐惧。如果你在此时，你就是安全的。一旦你跳开现在，比如跳入未来，现在和未来之间的缝隙就被抑制的兴奋填满，它被体验成了焦虑……

S：我仍然感到我的心在跳……

F：是的。闭上你的眼睛，进入此时，也就是你的心跳等。和身体待在一起。你现在体验到什么？

S：让我们继续。

F：你为什么反对待在此时？"让我们继续"的意思还是朝向未来。你为什么反对坐在这里？……你有任何像是被卡住或感到不耐烦或无聊的体验吗？

S：我感到这是我唯一和你工作的机会，我最好充分利用它，而不是在焦虑上花时间。

F：啊。你能把萨姆放到空椅子上对萨姆说话吗？"萨姆那是你唯一的机会，好好把握它。"（笑声）

S：是的……你坐在那里看起来非常僵硬……你来这儿干什么来了？

F：换座位。现在我要告诉你的是"写你的剧本"。你创造一个两极之间的剧本或对话。这是整合你的人格碎片的一部分。这些经常对立——比如，上位狗和下位狗。所以要反驳他。坐在哪儿的是他还是她？

S：（防御性地）是一个他。

F：你不知道有多少人的上位狗是一个她，一个"犹太妈妈"。

S：嗯，我不是那么确定了。（笑声）我不知道我为什么来这儿。只是想看看是否——看看他是不是能抓到我，我猜……

①这是什么破态度。（笑声）你觉得你来这儿是和弗里茨吵架的？

不，不是，我不想和弗里茨吵架……我不知道我为什么来这儿……你到底是谁？……和你有什么关系？……和你有什么关系？……（叹气）……

F：你们注意到我总是让"病人"做所有的工作。你的右手在做什么？

S：在和我的左手玩。

F：好。你能在你的左右手之间发起一个对话吗？让它们对对方讲话。

S：我会抓紧你，左手。这样让我感觉很好。

我也会抓紧你。

---

① 大缩进的段落表示当一个人和自己对话时，在"热椅子"和"空椅子"之间的转换。——原注（中译对应以首行缩进四字。——译注）

好吧，不要放开。

好啊。

我刚刚——嘿，看，左手。我刚刚看到我的左脚动了。（笑声）我在想那是什么意思。

嘿啊，右拇指，看看我的左拇指。我要碰你。我爱你。

感觉非常舒服。

你知道左——左手，啊，我要抓着你。

那很好。

我不想再握着你了。现在看你在做什么。你在用你的拇指压着你的手指。看起来像眼睛，是吧，左手？

是的，你比我更像眼睛。

是的。

F：你能再扮演眼睛吗？走向观众。是你有眼睛还是观众有眼睛？你感觉你被看着，还是你有自己的眼睛可以自己看？或者像我对这种类型的称呼，很多人是镜子携带者。他们总是随身带着镜子，用其他人做反射，他们通常没有自己的眼睛……

S：嗯……我不觉得被你们所有的眼睛监控。

F：你看到了什么？

S：但是我真的也没有看你们。有点——向远看看每个人是舒服的。但是我没有真的在看你们。扫视……那是我的妻子……我认为你们都有点好奇……是的，你们都关心……但是不太多。

F：现在扮演他们，用这张椅子。"我好奇但是我不太关心你。"

S：我好奇但是我不太关心你。实际上我做的就是等待我在那里的亮相。不过你是一个长得有意思的家伙。有一点封闭，你看起来不太放得开……也许用你现在采取的方式完成任何工作都有些困难，但是我猜你不知道其他方式。

F：再换椅子。

S：确切地说我不会称它为一种关心的话语。

F：你会怎么叫它？

S：（安静地）我认为你没站在我这一边，没有认同我感受的方式。你只关心第一。我会叫它自私的话语。

（不耐烦地）好吧，你用光了很多时间。什么都没有发生。让我们继续，他很快就会来找我。我大概是第二十个。你打算在那里坐多久？

走开吧！/F：再说一遍这句话。/①

②走开。/F：大声点。/

走开！/F：大声点。/

走开！/F：大声点。/

走开！……

什么让你这么激动？（笑声）没有人想要抓住你。放松……

F：你现在有什么感觉？

S：（叹气）嗯，我在抑制我的呼吸。

F：世界在你看来如何？观众……

S：好奇、有趣、关心、专注。

F：你看到什么了吗？

S：一些微笑的脸……

F：还有其他的吗？你看到任何颜色了吗？

---

① 紧随句子的双斜线（//）之间是皮尔斯关于重复句子的指导。——原注
② 这个缩进的段落也是用于重复的，并不表示在这种情况下换座位。——原注

S：现在我看到了。/F：在我——/①在你提到之后。

F：啊。你看到光了吗？

S：现在我看到了。

F：但之前没有。

S：没有。之前，我看到很多有趣的人。

F：我认为你又看你的镜子了。你用他们来镜映你，他们只为你的兴趣存在。

S：是的，可能是。

F：好吧。你们已经注意到此处萨姆的一些情况，一些非常有意思的情况——他没有眼睛。我们在推进的过程中玩了一个游戏，扮演了一个角色，而不是实现我们自己，在这个过程中大多数人的人格发展出了洞。大多数人没有耳朵。他们最多只听抽象的东西，听句子的含义。通常他们甚至没听到。很多人没有眼睛。他们把眼睛投射出去。他们总是感觉被看着。有的人没有心。很多人没有生殖器。还有很多人没有核心，没有核心，你就在生活中摇摆。现在这些探究起来更为复杂，但是我确信我们将在这里的工作中遇到这些人格的洞。

琳　达

琳达（Linda）：我梦到我看着……一个湖……干了，湖中间有一个小岛和一圈……海豚——它们除了会站立外，看起来都很

---

① 双斜线（//）也用来区分在一个人说话的同时，另外一个人所说的话。——原注

像海豚，所以它们既像海豚又像人，它们围成一个圆圈，有点像一个宗教仪式，也很伤感——我感到很悲伤，因为它们可以呼吸，它们围成圆圈跳着舞，但是水，它们的源泉，干涸了。所以像一场死亡——像是看一个族群的人或一个生物族群死亡。它们大多数是雌性，但是少数几个有很小的雄性器官，所以有几个雄性在，但是它们活不长，不能繁殖，它们的源泉正在干涸。其中一个坐在靠近我的地方，我在和这个海豚说话，他的肚子上有刺，有点像豪猪，这些刺似乎不像他的一部分。我认为水干涸有一点很好，我认为——嗯，至少在底部，当水都干了的时候，可能会有一些宝藏，因为应该有些东西落在湖底，比如说硬币啊什么的，但是我仔细地看了，唯一的发现就是一个车牌……这就是我的梦。

弗里茨：你能扮演车牌吗？

L：我是一个旧车牌，被扔到湖底。我没有用，因为我没有价值——尽管我没有生锈——但我过时了，所以我再也不能被当成车牌使用了……我就被扔到垃圾堆了。这就是我对车牌做的，我把它扔到垃圾堆里。

F：那么，你对此有什么感觉？

L：（轻轻地）我不喜欢，我不喜欢做一个车牌——没用。

F：你能谈谈这点吗？这是一个这么长的梦，直到你发现车牌，我确信这一定非常重要。

L：（叹气）没用，过时了……车牌的用处是允许——准许汽车行驶……我再也不能就任何事情给出许可，因为我过时了……在加利福尼亚，他们就贴一贴——你买一个贴纸——把它贴到汽车上，贴到旧的车牌上。（微微尝试变得幽默）所以也许有人可以把我贴到他们的汽车上，再把贴纸贴到我身上，我不知道……

F：好的，现在扮演湖。

L：我是一个湖……我在干涸、消失、渗到泥土里……（有一些惊讶）死去……但是当我渗到泥土里的时候，我成了泥土的一部分——所以可能我浇灌了周围的区域，那么……即便在湖里，即便在我的河床上，也可长出花朵（叹气）……新的生命可以……从我身上（哭泣）长出来……

F：你获得了存在性信息了吗？

L：是的。（伤心，但是确信地）我可以画画，我可以创造，我可以创造美。我不再繁殖，就像海豚一样……但是我……我……我……一直想说我是食物……我……随着水变成……我浇灌土地，赋予生命——生长的东西，水，它们既需要土地也需要水，以及……空气和太阳，但是作为湖水，我可以起一部分作用，生产——养育。

F：你看到了矛盾：在表面，你发现一些东西，一些虚假的东西——那个车牌，虚假的你——但是当你进入深层，你发现湖表面上的死亡实际上是肥沃……

L：我不需要车牌，或许可，一个证照去……

F（温和地）自然的生长不需要车牌。你不必是无用的，如果你有有机体的创造性，意思是如果你参与的话。

L：我不需要许可就能有创造性……谢谢你。

莉 兹

莉兹（Liz）：我梦到狼蛛和蜘蛛在我身上爬。持续了非常久。

弗里茨：好吧。你能想象我是莉兹而你是蜘蛛吗？你现在能在我身上爬吗？你会怎么做？

L：爬上你的腿并且……

F：做呀，做呀……（笑声）

L：我不喜欢蜘蛛。

F：你现在是一只蜘蛛。它是你的梦，你制造了这个梦……

L：（非常轻地）所有这些人，他们把我盖起来了。

F：啊。现在，你想让这里的谁扮演蜘蛛这个角色？

X：你是说做她身上的蜘蛛？／F：是的／……

L：我没看到任何让我想起蜘蛛的人。（笑声）

F：在这种情况下让我们就满足于对话。把蜘蛛放到那张椅子上，对蜘蛛讲话……

L：（叹气）除了把它赶走，我不知道说什么。

F：现在成为蜘蛛……

L：我想去某个地方，你挡了我的路，所以我将会爬过你……那是非常象征性的。（咯咯地笑）……

F：你想说什么？……

L：我感觉你就像是没有生命的，我爬过你全身也没有关系。／F：再说一遍。／我感觉你就像是没有生命的，我爬过你全身也没有关系。

F：对团体说这句话……

L：我对团体没有这种感觉。

F：你对莉兹有这种感觉？……你对谁有这种感觉？

L：我没有这种感觉，我认为蜘蛛有那样的感觉。

F：噢，你不是蜘蛛。

L：不。

F：你能再说一遍"我不是蜘蛛"吗？

L：我不是一只蜘蛛。

F：继续。"我不是一只蜘蛛。"

L：我不是一只蜘蛛。

F：这意味着你不是什么？

L：有攻击性的。

F：继续。

L：我没有攻击性。

F：给我们你所有的否定；所有你不是的。"我不是一只蜘蛛，我没有攻击性——"

L：我不是……丑陋的，我不是乌黑发亮的，我没有第三条腿——

F：现在把这些都讲给莉兹……

L：你不是乌黑发亮的，你只有两条腿，你没有攻击性，你不丑。

F：换座位，回应。

L：你为什么在我身上爬？

F：继续，自己换座位，写一段对话。

L：因为你不重要。

但那不是真的，我是重要的。

F：现在继续。现在有一些东西开始发展。

L：谁说你是重要的？

（轻轻地）每个人都告诉我我是重要的，所以我一定是……感到自己重要和有价值，这很健康。/F：嗯？/感到自己重要和有价值是心理健康的表现。

F：听起来像一个项目，而不是确信（笑声）。

L：（咯咯地笑）它是一个项目。

F：再变换座位。

L：你打算什么时候相信你是美丽的、健康的，以及所有这些东西？

某天，一个像弗里茨先生那样的人给我一颗药丸，我就感觉全好了。

F：现在让蜘蛛说一样的话："我是丑陋的，但我想要是美丽的。"让蜘蛛说同样的话。

L：我是丑陋的，但我想要是美丽的。对一个爱蜘蛛的人来说，我也许……但是很多人不欣赏蜘蛛。

F：好的，回来给蜘蛛一些赞赏。

L：蜘蛛是必要的，因为它们控制昆虫——飞虫的数量。（笑声）因为蜘蛛能织网，它们很不可思议。

F：直接用"你"对蜘蛛讲："你是重要的，因为你……"

L：你是重要的，因为你控制昆虫的数量，你是重要的，因为你是活的。

F：现在再换座位……我想要你试试让蜘蛛回以赞赏。

L：你是重要的，因为你是人类的一员，有 50 亿你这样的人，所以是什么让你这么重要？（笑声）

F：现在你们已经注意到了她人格中的洞——自我欣赏，缺乏自信。其他人有类似价值感的东西，而她有一个洞……

L：但是要不要填补洞，取决于她自己。

F：不，取决于蜘蛛。

L：蜘蛛能怎么办呢？

F：那好，弄清楚。让蜘蛛给她一些赞赏。

L：蜘蛛什么也想不出。

F：蜘蛛在装傻，是吗？

L：不，不是。她能做一些精巧的东西，但它们不是——她能想到的任何人都可以做得比她更好。

F：你有没有碰巧受到完美主义的诅咒？

L：噢！是的。（咯咯地笑）

F：所以无论你做什么都永远不够好。

L：对的。

F：对她说这句话。

L：你做的事情很充分，但是永远都不对，永远不完美。

F：告诉她她应该做什么，她应该是什么样子。

L：她应该……

F："你应该"，不要八卦在场的人，尤其是涉及你自己的时候。（笑声）总是把它看成一种面对面的交流。对她讲。

L：你应该能够做任何事情，所有的事情，并且完美地完成。你是一个很能干的人，你有天赋，但你太懒了。

F：啊！你获得了第一个赞赏，你是能干的。至少她承认这些。

L：嗯，她天生如此。她没有……（笑声）……

F：你刚说了点儿自己的好话，蜘蛛就跑来践踏你。

L：确实如此。

F：好吧，现在我们在这里遇到了典型的上位狗、下位狗的情况。上位狗总是显得正确——有时候是对的，但不常有——总是正确的。下位狗愿意相信上位狗。现在上位狗是一个法官，是个欺凌者。下位狗通常很精明，他会用其他手段控制上位狗，像是"明天吧"，或"你是对的""我尽了最大努力""我这么努力尝试""我忘了"，如此等等……你们都知道这些把戏吧？

L：噢，是的。

F：好的，现在做上位狗-下位狗的游戏。上位狗坐在这里，下位狗坐在那里。

L：你为什么不永远做——永远——任何事都完美？

　　因为我试图做很多事情。（笑声）我没有足够的时间分配出去，我还喜欢读书……

　　你为什么喜欢读书？逃避吗？

F：多么刻薄的上位狗。（笑声）

L：是的，但是它也提升了我的思想。（笑声）……除了保持完美外，我也需要获取一些生活的乐趣。

F：再说一遍。再说一遍……再说一遍……我支持你……

L：除了保持完美外，我也需要获取一些生活的乐趣。

F：这次我想要引入一个新元素。让上位狗继续对她说话，我想让她每次都回应"去你的"，看看会发生什么。

L：你有责任去实现你自己，充分利用生活，尽可能丰富经历，等等……

　　去你的……但是上位狗说得对……

F：把这句话说给——

L：但是你说得对。

F：是谁？爸爸，还是妈妈，还是两个人一起？

L：奶奶。

F：奶奶。啊。那把奶奶放到椅子上……

L：你所说的一切东西都是真的……但是我不想要它们……

F：我想要凭直觉工作，我可能是完全错误的。说"奶奶，你是一只蜘蛛"……

L（笃定地）奶奶，你是一只蜘蛛……

F：交换座位。

L：（奶奶的样子）不，我不是，亲爱的。我只是想要给你最好的。（笑声）

F：这是上位狗的套话，你可能认识到了……再换座位。现在我想要你闭上眼睛进入你自己。你现在体会到什么？开始感觉到什么了吗？

L：感觉像只蜘蛛。

F：你感觉到什么？你自己感觉到什么？

L：你是说身体上吗？

F：身体上、情绪上，到目前为止，我们大部分都是思考啊思考，谈论啊谈论，这类东西……

L：我感觉到，我……有只蜘蛛坐在我身上，我想要做点什么。

F：当蜘蛛坐在你身上的时候，你体验到了什么？

L：感觉那里变黑了。

F：对蜘蛛没有反应吗？如果现在有一只蜘蛛在你身上爬，你有什么体验？

L：肾上腺素，跳起来，大叫。

F：怎么做？（莉兹半心半意地扫开蜘蛛）蜘蛛还在那儿呢……

L：（平淡地）我会上蹿下跳，大叫着喊沃尔特过来把它从我身上赶走。

F：你能听到你没有生气的声音吗？你有觉察到你像在念文献吗？再说一遍，看看我们能不能相信你……

L：我会大叫和……

F：怎么样？……你会怎么大叫？

L：我——我不知道我是否能够做到。当我那样做的时候，我可以听到，它就那么出现了。

F：怎么样？

L：（叹气）我感觉太规矩，喊不出来。

F：现在对你奶奶说这句话。

L：我感觉太规矩，喊不出来。

F：好了，显然我们需要做一点工作修通你的阻碍，穿过这个铠甲。但是我想花几分钟玩一个扮演的游戏。你愿意配合吗？我想让你写一个剧本，一个好女孩和一个坏女孩，对彼此讲话。"我是一个好女孩，我做一切我奶奶要我做的事情"，等等。坏女孩说"去你的"，或任何你觉得坏女孩会说的。

L：我是一个好女孩，我最大化地使用我所有的潜能：所有——像我奶奶会说的——上帝赋予我的创造力，上帝赋予我的智力、外表和其他的。我是一个很好的人，我和每个人相处得都很好……

你那样做很好，但是你不会从生活中获得任何惊喜，因为我过得很开心，你只能自己滚一边去。（对弗里茨）我只能想到坏女孩为了寻开心会做的事，但是我不——

F：告诉她，不要告诉我。

L：看你对我做了什么？……你不快乐，我也不快乐，我们沉溺于其中。我不能坏，你也不能好……

F：现在是一个我们叫作僵局的点，这是她卡住的地方。好，再做那个好女孩。

L：好吧，如果你听我的，我们表现良好至少还能有一些惊喜。你没有自律，生活中最大的快乐是有所获……

生活中最大的快乐应该就在于体验它……活在此时此地一点……

F：我能和你做个私人咨询吗？你的坏女孩——是真的这么坏吗？

L：我觉得其他人会这么想。

F：是吗？问问他们……

L：沃尔特，你认为我的坏女孩很坏吗？

W：问他们，不要问我。（笑声）

L：胆小鬼。

X：我想知道你在上面感觉哪种方式更好。

L：两个都不好。

F：是的，这就是僵局，你卡住了……

X：你的坏女孩还不够坏。

L：那是因为她只泛泛地讲。（笑声）

P：我觉得她还好。

Q：我也这么觉得。

R：她的坏女孩非常棒。

S：我认为好女孩是一个可恶、无聊的家伙。

T：她太自以为是了。坏女孩更好相处些。

U：坏女孩会更有意思。

V：坏女孩几乎不能变坏。她真的是太好了，不能被叫作坏。

W：我刚才希望你上这儿来之后，会觉得做坏女孩感觉更好。

L：的确，坏女孩没有特别地自以为是，这是好女孩想要放弃的其中一个东西。

X：什么是坏的？

Y：或者什么于你而言是好的？

L：无所获，使用你最大的潜能——

F：啊哈。坏是奶奶不认可的，好是奶奶认可的。当奶奶感觉坏的时候，她说你坏，当奶奶感觉好的时候，她说你好。她就这么杀死了你的灵魂，你灵魂的全部潜能缺失了。全都是思想的问题。

L：我的灵魂？

F：不，只有思想。所以你的潜能只使用了一小点儿。我没看到你的任何情绪、女性气质、喜悦、生活乐趣的使用。到目前为止，这些都是荒原一片。你是一个"好女孩"。好女孩的背后总是有一个不怀好意的熊孩子。这是最糟的诊断，因为为了成为"好"的，你必须是一个伪君子——成为那个好孩子，服从的孩子——所有另一极都变成对自己的恶意。生命总是以这样的极性运作的。表面上你是开放和服从的，而在下面你是破坏性的我、怀恨的我。一个好女孩是取悦爸爸、妈妈、社会的人；一个坏女孩是令人不悦的。所以，一个好孩子维护自己的唯一方式就是唾弃。在这种情况下，唾弃是身份认同——与成为某个人、某件事认同。所以这就是你卡住的地方，在服从和唾弃之间。

L：谢谢你，弗里茨。

F：你们注意到了一切都涉及当下。所有相关谈论都是离题，所有的解释、所有头脑强暴都被劝阻。是什么，就是什么。玫瑰是玫瑰就是玫瑰。从严格的、现象学的角度来看，她是否和自己接触，是否和她的环境接触，是否和她的幻想接触？然后你注意到其他的东西，即座位的变换。我相信我们都是碎片化的，我们是分裂的，我们在很多方面都是分裂的，与梦工作的魅力就在于，梦中的每一部分——不仅仅是各个人物，而且是每一部分——都是你自己。

卡　尔

卡尔（Carl）：这是一个做了两次的梦。

弗里茨：重复的梦——这些是最好的、最重要的梦。如果可以的话，我想就它们在此说几句。弗洛伊德创造了一个短语"强迫性重复"。他认为这种强迫性重复导致了僵化和死亡本能。而我相信，恰恰相反，如果某个东西一再出现，这意味着一个格式塔还没有闭合。存在一个还没有完成和结束的问题，因此它不能退入背景。所以这只是在试图变得活跃，试图解决事情。这些重复的梦经常是噩梦。这依然和弗洛伊德的看法相反，他认为梦是单凭主观愿望的想法。在噩梦里你总是发现你是如何挫败你自己的。好了。

C：嗯，这是我很小的时候做过的梦，我大约十一岁，这个梦出现在我感染伤寒之后，这次伤寒致使我发高烧。我在那晚做了这个噩梦。我在不久前也做了这个梦，大约三四天前吧，在我很喜欢的一只狗死亡之后，我做了同样的梦。而且——

F：用现在时态向我讲述梦。

C：非常困难，因为我已经想了好几遍梦里我身处何方，但是我会尝试那样做。场景是远处有一条山脉，一片平坦的沙漠，有着白色沙子。天空几乎是黑蓝色的——天非常黑，苍白的月光照着万物。一条火车轨道笔直地穿过沙漠。火车正开过来。我听到它的声音不是火车的汽笛声，而是一种高音的电子轰鸣，或者是口哨一样的声音，但是非常平稳，宽广无边。

我感觉自己在沙子里——不是在火车正前面，但是在沙子里。我觉得我的头埋在沙子里。我可以看。这个场景非常丰富也相当吓人，主要是因为那声音连绵不断。它开始了，永不结束。它就是在那儿。它很重地从我身上开过。火车像是永不结束。我很确信那里显现的是某种死亡。但是，我不确定。我不乐观。但恐惧——我不知道我是不是可以这样表达——不是对即将到来的灾难的颤抖的恐惧。它不像蜘蛛或狼蛛或任何令我立即失控的东西。它是更深的穿透性的恐惧，是持续性的。当我回顾我的生命的时候，我觉得这两个梦是我有过的唯一真实的恐惧感觉。我不知道我是否还能更详细地描述它，我想不到其他的东西了。梦里也没有其他人，并且——

F：好的。你可以扮演沙漠吗？"我是沙漠……"如果你是沙漠的话，你会有什么样的存在？

C：如果我是一片沙漠，我是沙质的，我没有结构。我只是流动的沙子，一直被风吹动着。我白天炙热，夜晚冰冷。啊，我就这样一直继续继续继续继续，没有开始也没有结束……

F：如果你是这条山脉呢？……

C：如果我是山脉，我还是会白天炙热，夜晚冰冷。我会有更多的个性和恒——恒常。我或多或少，是一种脊梁。

F：如果你是这列火车。

C：这个我真的感觉——如果我是火车，我会行进，行进，行进，有巨大的驱力和众多方向，但是从来没有真正到达——不是那种出发要达到的目的地，而是——一个重要的目的地。我会一直行进，行进，行进，有点……

F：只是一个旋转木马。/C：是的。/像我之前说过的，我把神经症看作由五个层次组成的。这个梦是一个非常典型的死层或内爆层的梦，人们在这里收紧，却什么都没有发生。沙漠就像他所解释的那样，是死亡，没有可见的生命。但是我们至少看到了一些令人兴奋的东西——火车的力量。在某个地方有一些能量。它不会通向任何地方，但是力量存在于那里。在内爆层后面，当我们穿过内爆层后，你会发现一个外爆层。至少有四种不同类型的外爆，一个——让我们暂且称之为健康人——一定会体验到的。它们是愤怒、喜悦、悲伤和高潮。我特意说高潮而不是性，因为有很多性是没有外爆的。现在这些外爆本身不是生活或存在的意义。它们是一种能量，能使大坝决堤，可以和真实的人连接。那么那种感觉，那种参与其中、投入情感的能力，变得可能。一旦你穿过外爆层，那个真实的人、真正的人便显露出来。现在你们看到他在这里卡在内爆层了。这也是在试图和真正的死亡危险产生联系。那么你可以扮演火车。"我是一列火车……"

C：我是一列火车，我正在朝某个地方行进，但是又没有任何目的地。它有方向……/F："我有方向。"/我有方向。我有众多方向，笔直地在铁轨上。但是没有家，最终无处休憩。永远有一条笔直的轨道和力量的方向，一个伴随着力量的方向……当我是一列火车的时候，我和人没有关联。我顺铁轨而下……

X：你载客吗？

C：没有。

F：你们注意到出现的欢快了吗？（笑声）几乎是种得意。"不，我不载客……"现在我感兴趣是你的左脚在对右脚做什么？

C：就是在锻炼我的膝盖。

F：你在锻炼你的膝盖……你能试试看你的膝盖能自己做运动吗？/C：好的。/（卡尔运动膝盖）……好了，现在成为轨道……

C：我是轨道。我仰面躺着，生命在我上面跑……

F：所以至少首次出现了"生命"这个词。现在让铁轨和火车对话。

C：我感觉我可以放开我的想象，让一些东西出现，但是它们感觉不对劲。但它们是对的吗？这是你想要的吗？还是你想把这件事归咎于我？

F：你的意思是你想要联想？我不明白——

C：我做的仅仅是扮演。我的意思是我感觉可以做联结，但是它们就自然发生了。它们给我的感觉很别扭。我感觉它们不像是来自我——我自己。

F：好的，换句话说，也许你还没有完全死掉，也许你是有创造性的。所以让我们——

C：嗯，就是这样。其实就是我自己的创造力。好。我是火车，那是铁轨。我行驶在你的正上方并跟随你的引导——笔直地冲向乌有之乡……

我指引你，但是我被动地引导你。你的力量引导你，但是我框定你去哪里——我框定你力量的去向。

对的。你控制我去哪里，我所有的力量被框定进你告诉我要去的地方。但我是力量，我是生命，你是没有生命的，你是死的，你所做的就是引导我……

我就是让人这样。我需要把他们放进来，一起做吗？

F：喔！那太棒了。（一些笑声）所以不全是死的。现在有人在里面。

C：我感觉到的是……

F：好，你已经获得了第一个存在性信息了。一个梦对我来说就是一个存在性信息，所以很显然你已经获得了第一个信息。我们需要人。机器不能自己完成所有的事情。好的，把人放进来。

C：嗯，我感觉火车是我，铁轨是我妈妈。至少这就是我的联想。就是那样——扮演我的妈妈或者铁轨……

我引导你。我是没有生命的，我是死的，尽管如此，我还是指导你的生命力量。尽管你是生命，我引导你，让你觉得你不是独特的，你不是你自己的……

F：你明白了什么？我没有认出你妈妈的声音，我认为你在读文献。来扮演你妈妈。

C：我引导你。

F：这是她说话的样子吗？

C：我无法表现出她说话的样子。

F：现在回去告诉她。

C：我不能重演、重建你说话的方式，妈妈。

F：她回应什么？……你看，我们拾起每一个体验，再反馈每一个体验。卡尔·罗杰斯首先发现了反馈的技术，但他反馈的大多数是句子。我们反馈体验——活跃的部分。

C：我不能重建你怎样——怎样说话的，妈妈。

F：她会回答什么？

C：（指责地）那是因为你从来不听我的。（笑声和掌声）

不，是因为你从来不和我说话。你总是对我讲——试图引导我离开我自己。

F：你们看，沙漠开始开花了——一些活的东西，现在出现了一些真实的东西。

C：（又扮演妈妈）我从来没有试图引导你。是你总是那样说。你从来不想听我的话，你就是自私。我只想给你最好的。（咯咯地笑）

F：再说一遍。

C：我只想给你最好的。

F：回应。

C：是的，但你远不了解什么对我是最好的，就像，啊——你完全不了解什么对我是最好的。

但是你从来都不赞同我。你从不按我说的做，从来没有。如果我说做什么，那就是死亡之吻。你总是做另一件事情。

这让你学会闭上嘴。（笑声）啊，你得试着了解我在哪儿或者我是谁，并且让我引领我的生活，不要试图控制我。

F：再说一遍。

C：不要试图控制我，就是这样。

F：现在让我们回到梦。如果火车离开笔直狭窄的轨道，会发生什么——会脱轨吗？

C：嗯，沙漠会环绕着它，它不会一直在夜里。但场景是不一样的，那个场景是有创造力的。我刚刚想到的问题是我经常感觉不到被限制。我是这样的。我感觉我和它分开了——我是有创造性的，我做我自己的事情。我没感觉被束缚。我看到这件事情是如何建立起来的，但我当时还是一个小男孩，所以我很早离开家，我发展出了反"犹太妈妈"场景的技术，当我把这些技术应用到世界的时候，它们同样是具有破坏性的，但是它们对那个场景有用。

F：现在我注意到——你说你没有被限制，但是你所做的所有动作通常都在手上。有那么一两次你稍微多做了一点动作，但是此外——啊，我看不懂你的姿势，我觉得既有点像乌龟，又有点像橄榄球阻截。（笑声）/C：一只公羊。/是的。你先用你的头战斗。

C：是的，我确实前倾地坐着。但这样感觉更舒服。我确实用我的头引领我。

F：嗯……那让我们以你的头和身体其他部位的对话来结束……

C：躯体，你——你离开了我，你不能真的代表我。

但是有时候我完全代表你。有时候我就是你，没有你。

是这样。但那是非黑即白的。我们之间没有同在。我们要么是一个躯体，要么是一个头。当我们打橄榄球的时候，你是躯体。那就是我们的全部。

F：你打橄榄球吗？

C：是的。当我们是律师的时候，我们全部是你的头。我们是一个机器——仅仅是一个头部机器。

F：好的，我有一个建议。你要做两件事情。一个是跳表达性舞蹈来调动你自己，另外一个是接受艾达·罗尔夫（Ida Rolf）或者她的学生的治疗。艾达·罗尔夫有一种重新调整身体的方法，叫作结构整合。过多地成为公羊、阻截手、火车、盲目的能量。当然这就是阻截手——身体没有区分。如果你愿意跳舞，你就不会变成橄榄球阻截手。但事实是你选择了那样。所以为了再变得完整，成为某个人，离开死层——如果你可以重新拥有你的身体，我认为你就会发现这是非常有价值的。你们看，第三层——内爆层——只是外爆层的反面。在内爆层里，我们向内爆，我们收缩，我们把自己缩成一团，然后你就变成了一个东西。/C：一列火车。/是的，一个东西而不是有生命的东西。可以了。

诺 拉

诺拉（Nora）：梦里我身处一个残缺的房间，楼梯没有扶手。我爬楼梯爬到很高的地方，但是没有出路。我知道在现实中，如果我爬这么高的楼梯是很恐怖的。梦里已经够糟了，但是它没有那么可怕，我总是怀疑我怎么可以忍受。

弗里茨：好。成为那个残缺的房子，重述一遍梦。

N：嗯，我爬楼梯，楼梯边上没有扶手。

F：我是一个残缺的房子，我没有……

N：我在一个残缺的房子里，我在爬楼梯，并且——

F：描述下你是什么样的房子。

N：嗯，它有一个——

F：我是——

N：我是房子？

F：是的，你是房子。

N：房子是——

F：我是——

N：我是房子，我是残缺的。我只有骨架，一些部分，几乎没有地板。但是楼梯在那里。我没有扶手保护我。然而我爬了楼梯——

F：不，不是这样。你是房子，你不爬。

N：然而我爬了。然后我在上面的某个地方停下，它没有出路，而且——

F：对诺拉讲这句话。你是房子，对诺拉讲话。

N：你在我上面爬，你没有出路。你可能会掉下来；一般你会掉下来。

F：你看到了吗？那就是我想做的——在你上面爬，没有出路。你花了很长时间才能与房子产生认同。现在对这里的一些人说同样的话，以房子的口吻："如果你试图在我上面爬……"

N：如果你试图在我上面爬，你会摔下来。

F：你能再说说，如果他们试图在你里面生活，你会对他们做什么吗？……（诺拉叹气）你是让人住得舒服的房子吗？

N：不，我是开放的，没有保护，还有阵阵风吹进来。（声音下降到耳语）你要是在我上面爬，你会掉下来。如果你评判我……我会掉下来。

F：你开始体验到一些东西了？你感觉到什么？

N：我想要战斗。

F：对房子说这句话。

N：我想要和你战斗。我不关心你。我是关心的。我不想要关心。（哭泣）我不想哭，我也不想让你——我甚至不想让你看到我哭。（哭泣）……我害怕你……我不想你可怜我。

F：再说一遍。

N：我不想你可怜我。没有你，我也足够强壮。我不需要你——我，我希望我不需要你。

F：好的，让楼梯和不存在的扶手相会："扶手，你们附着在哪里呢？"

N：扶手，没有你我也可以生活。我善于爬。尽管有你的话更好。如果能变得完整，如果顶端有点什么东西，如果有抛光很好的扶手，那更好。

F：你有什么样的地板？

N：结实的，结实的地板，只是没有铺东西……

F：很结实，嗯？有坚实的基础。

N：是的。

F：你能告诉团体你有坚实的基础吗？

N：你可以走，它是安全的，如果你不介意有一点不舒服的话，你可以与它一起生活。我是可以依靠的。

F：所以你需要什么来变得完整？

N：我不知道。我，我不认为我需要，我，我只是感觉我，我想要更多。

F：啊。我们怎样可以让房间温暖一点？

N：嗯，盖上，关上，安上窗子；筑墙，装窗帘，涂好看的颜色——好看、温暖的颜色。

F：好，你能成为所有的填补物——所有缺失的东西，并对残缺的房子说话吗？"我来这儿让你完整，来填补你。"

N：我来这儿填补你，你非常好，但是你如果拥有了我，你可以让人住得更好、更舒服——你会更温暖、明亮、柔软——拥有好看的颜色，可能有地板和窗帘，一些柔软和明亮的东西，可能还有暖气。

F：更换座位，成为残缺的房子。

N：喔，你很奢华。你也可以不用这么奢华……嗯，我不知道我是不是能负担得起你。

好吧，如果你觉得我是值得的，那么你就可以——那么你就会尝试获得我。这会让你感觉更舒服、更好。

那么，你难道不是假的吗？我的意思是，难道你不是只是遮盖物？

你是结构基础。

是的，我是。

好吧，如果你觉得没有我，你也可以活下来，那请便吧。你为什么不那么做呢？

F：左手在做什么？你注意到了吗？是的，再这样多做几次。你看，我们在精神病性的人身上也发现了相似的东西。患有精神病性障碍的人经常具有一种我们不理解的语言，他自己的语言。在精神病性障碍没那么严重的人身上，我们大多理解正在发生的动作。但是如果我们让"病人"表达它的含义会更好。

N：嗯——

F：不，是你的左手。

N：我不是在推开你，我在给你挠痒痒……

F：啊……现在再更换座位。

N：我真的感觉我很固执、坚持，我不认为我真的需要你。我意思是，如果你在那里的话，那很好——可能即使你在那里，我也会尝试回忆以前是什么样子的……

我想说服你，我得更努力一点……

我们都可以生活在结实而没有墙的房子里。

F：你用左手在做什么？（弗里茨摩擦他的脸）这就是你在做的，是吗？

N：摩擦我的脸。

F：让你的手指和你的脸对话。

N：我在摩擦你……获得你的注意力……

你是谁……我想得太用力了。

F：你想得太用力。好的。诺拉，你对我们在这做的一点工作有什么感觉？可怕？/N：不。/你获得了存在性信息吗？

N：很棒。

F：你获得一些东西，是吗？让我就这整个梦再多说一些。你看，关于压抑的整个思想就是胡说八道。如果你去探索，一切都在那儿。现在要理解的最重要的事情是投射的概念。每个梦或每个故事都包含了所有我们需要的材料。困难在于理解片段化的概念。所有不同部分的位置都被打乱了。比如，一个人失去了他的眼睛，眼睛变成了洞，他会一直在环境中寻找眼睛。他总是会感觉世界在看着他。

现在，诺拉的投射是残缺的房子。一开始她没有体验到自己是残缺的。它被投射成好像是她生活在房子里。但她自己就是残缺的房子，缺失的是温暖和色彩。一旦她变成房子，她就承认了自己有坚实的地基，等等。如果你可以把自己完全投射进梦的每一个小部分，并且真的成为那个东西，那么你就开始重新吸收，重新拥有你否弃、丢开的东西。你否弃的越多，你越贫乏。现在有机会拿回这些东西。投射经常表现为令人不悦的东西——蜘蛛，或者一列火车，或者死气沉沉的房子，一栋残缺的房子。但如果你意识到这是我的梦，我对这个梦有责任，我画了这幅画，每一部分都是我自己，然后事情就开始运作，聚拢在一起，而非依然是残缺和片段。通常投射甚至是不可见的，但它是明显的。如果我有一个没有扶手的楼梯，很明显扶手在梦里的某个地方，但是它们缺失了，它们不在那里。那么，扶手应该在的地方即一个洞。温暖和色彩应该在的地方又是一个洞。所以我们发现这里有一个非常勇敢，也许固执的人可以做到。好了。

我想指出在治疗中要处理的最困难的问题，这个问题以"它"或者名词为特征。"我的记性很差。""想法溜出来。""需要火柴点烟。"在它里、在名词里发生了什么？我以前提过死层，尽管我十分不赞同弗洛伊德对死亡本能的使用，但是这个僵化经常发生在变成死物的过程中：一个活的器官变成一个东西，一个过程变成一个名词，一种对高潜能的封冻，一种可预测性，一种使用词语的容易方式，而不是体验活的过程。这是我们死气沉沉却不自知的一种方式。

如果它只是这样，我们仍然可能可以轻松地处理它，或者处理我们自己。但是事情不只如此。那个它，那个名词，进入投射，它被外化。所以，首先它被杀死了，然后它被放到我们有机体的外面。所以，似乎我们已经完全丢失了它，或这一点生命。并且一旦一个投射发生，或者一旦我们投射了某种潜能，这个潜能就会转而针对我们。像我之前提过的，我们不是拥有眼睛，而是被看。我们感觉被观察。我们感觉要么被眼睛迫害——尤其是评判的眼睛，要么，如果加上关注，我们需要关注，而不是自由地观察、探索、发现世界；我们想要被关注。我们投射听，而不是去听。我们说话并期待其他人倾听我们，但是我们甚至没有意愿去倾听我们自己。我们期待这个世界是兴奋的，而不是调动我们自己的兴奋。

所以，然后你们看到了，在它里面，这两个困难联合。两者都意图减轻我们最有价值的财产。这个财产是一个词——一个严重被错误使用的词——反应-能力。责任意味着做出反应的能力：活着、感受、敏感的能力。现在我们经常把这种责任变成关于义务（obligation）的思想，义务和自大狂与全能是一个意思。我们为其他人负责。但责任只意味着"我是我；我在自己内部接管并发展我是谁"。换句话说，责任是反应的能力，并完全为自己负责，不为其他任何人负责。我相信，这是成熟的人最基本的特征。

现在，梅想要过来工作。她告诉我在她和世界之间有一堵墙。当然我们就有了一个要处理的它。她说她有一个东西：外面的东西，梅不用负责任的东西。她恰好是环境的受害者。

如果我们异化真的属于我们自己的东西——我们的潜能、生命，那么我们会变得贫乏：兴奋、生命力变得越来越少，直到我们成为行尸走肉、机器人、僵尸。我确信你们知道有很多人认同他们的职责而不是他们的需要，认同他们的事业而不是他们的家庭。

现在，我们看看我们可以怎么处理这些想法。所以，我们需要看看你们是否能够重新认同这些异化的部分，手段就是扮演我们已经异化的部分。这堵墙是自我异化、否弃的东西，是潜能的一部分，我们需要做异化的反面——认同。你越是多地再次成为那个东西，越是容易吸收以及再次成为我们已经丢出去的部分。所以你能扮演我和你之间的墙吗？等一下，你还没有准备好。我可以看到你被心理身体症状占据着，所以我们不能期望完全的投入，因为梅的内部正发生着一些东西。所以，退回到你的症状，描述一下你现在体验到什么。从觉察连续谱开始，与此时和如何待在一起。

梅

梅（May）：（虚弱单调的声音）是的，我感觉害怕，我在发抖，我的脸很热，呼吸很困难，当我开始说话的时候，我就开始收紧。

弗里茨：闭上你的眼睛，收紧，为收紧承担责任。看看你是怎么让自己收紧的？哪些肌肉在收紧？

M：是我身体的顶部，以及我的胸口、胳膊和手。并且这限制了我的声音。

F：你能让它更紧吗？……对……好的，现在就此解释一下，至少稍做解释。现在你看到你对自己做了什么吗？我们经常对自己做很多事情，而不是对世界做这些事情。现在让我们做个实验。能请你站起来吗，梅？现在你能让我收紧——就像你让自己收紧一样，让我收紧吗？现在，压我……压我……（梅压皮尔斯，然后叹气）现在坐下……你现在有什么感觉？

M：（深深呼吸）我受不了了。

F：怎么？发生了什么？

M：有光在我眼睛里闪，我变得很紧张，就失控了。

F：和你手的感觉在一起。

M：它们在颤抖。

F：让它们颤抖……你还感觉到了什么？

M：我感到麻木。

F：再和这个感觉待在一起。

M：我什么都没有感觉到，我麻木了。

F：现在闭上眼睛进入麻木……麻木让你有什么感觉？

M：（耳语）我感觉到灰色，发灰的冷……我仍然感觉被包围……都是灰的……

F：你看起来就像是你在催眠的恍惚中一样。你被催眠过吗？

M：我被催眠过吗？/F：是的。/……是的。

F：你能回到你被催眠的那个时刻吗？谁催眠的你？

M：我不能回去。

F：你不能回去。谁阻碍了你？

M：我知道我被催眠了，但是我不能想象那个场景。我知道是谁做的。

F：你能对这个人说话吗？

M：（叹气）很难看清，是的。

F：让他帮助你回忆。

M：皮特医生，你能帮助我回忆被催眠的事情吗？

F：他怎么回应的？

M：可以，梅……你来到我的办公室，你即将生孩子。我问你，你是否想用催眠的方式生孩子，你说想。所以我们就那么做了，你的孩子就是这么出生的。

F：你不知道你的孩子是怎么出生的？

M：不，我可以想起来，不过那是在催眠的帮助下。

F：你现在有什么感觉？

M：我，我的头很重。上面有压力。我的双手几乎和我分开了。

F：在我们进入这点之前，我想和你玩一个假装的游戏。我想让你扮演那个催眠师，那个医生，现在催眠我。你会怎么做？

M：我不知道我要怎么做。我可以告诉你他说过的话。

F：可以。你可以用你喜欢的方式假装，但是我想让你扮演这个医生，我是梅。你会对我做什么？"医生，我想戒烟。你能催眠我吗？让我摆脱它。"

M：好吧，梅。啊，把你的香烟扔到那边的炉子里，回来躺下，闭上你的眼睛放松……现在，梅，我想让你不要想任何东西，只是放松你的头脑和你的身体……放松，再多放松些……你现在非常非常地放松……这就是我会做的。

F：你现在有什么感觉？

M：更放松。（笑声）

F：你的双手怎么样了？

M：嗯，它们有一点颤抖，但是它们回来了。（笑）我可以感觉到它们……

F：那么让我们回到墙。你现在能扮演墙吗？

M：我不会让你和任何人接触。

F：对我说。你是墙，我是梅。

M：我不会让你和任何人完全地接触。你可以知道他们，你也可以看到他们，但是你永远不能作为人类一员、一个人，和他们充分地接触，我拒绝让你那么做……

F：为什么不？（扮演沮丧）我做了什么活该遭受这样的对待？

M：就待在那儿，你活该。我是一堵非常刻薄的墙，我不会让你出去。

F：好，现在交换角色。现在你是梅。墙刚才对梅讲话了……

M：看吧，你一直阻碍我充分享受任何事情……我想要……我已经找到了一种穿过你的方法，墙。

墙说，好吧，我会后退一点，只会让你感觉稍微舒服了一点，但是我永远在那儿……当你不备的时候，我会真的再变大，压垮你。

F：再对我说一遍。

M：（大声地）噢，当你不备的时候，我会再变大，我会压垮你。

F：你可以扮演巫婆吗？

M：巫婆？

F：是的。"我会回到那里，等着你，我会变大，然后袭击你。"一个真正刻薄的巫婆。（笑声）

M：对他们？

F：嗯。也对我，对你的孩子，对你的——

M：不，我只能对我自己这样。

F：你只能对你自己这样。这样做的人是个什么样的人？

M：一个坚强的人……啊，坚强并且明智，而且有些控制力的人。

F：请你闭上眼睛，看一看这个人。描述一下这个人。你扮演的是一个男人还是一个女人？

M：是一个女人——是我。

F：你是从哪里获得这个模式的？……你看，我不能相信你天生就是这么刻薄……

M：（安静地）我不知道我从哪里获得的，我再看不到其他人……

F：你现在有什么感觉？……你把墙放在你和你的记忆之间了吗？

M：是的。

F：嗯……那让我们回到墙和你之间的对话……

M：我不能谈论它，或者我不能对墙讲，我不能讲……

F：所以我们需要再叫我的助手来。你刚让弗里茨没辙了。他是无能的，他是无力的，你说你不能，所以你让我感到彻底无能和无力。这里坐着无能和无力的弗里茨。现在扮演他……

M：对他讲话还是扮演他？

F：先扮演他，然后再进行对话。

M：梅，看看你是否能——看看你是否能扮演墙……

噢，弗里茨，我不能扮演墙。不行……我不能跨过这个点。

F：再说一遍。

M：我不能在这儿跨过这个点。（低语）我能走这么远。

F：对墙讲，那么远。对那个讲……

M：这就是那堵墙，墙后面是我。

F：告诉墙这一点——或者让墙对你讲，"我在这里保护你"。

M：你——你在我前面，墙，在你后面我是安全的。

墙说，是的，你永远不能穿过我。如果你穿过的话，你会变得脆弱，其他人就会进来。这堵墙把人挡在外面。

F：我把人挡在外面……

M：我用这墙把人挡在外面。我把人挡在外面。

F：你刚才告诉了我一些事情。你害怕你可能是脆弱的。你能扮演一个脆弱的人吗？

M：我不知道。

F：你不知道。你可能遭遇什么伤害呢？

M：如果我是个脆弱的人，人们会伤害我。

F：怎么伤害？

M：通过和我推心置腹，而且我会……啊……通过拒绝我，如果我爱他们的话。

F：怎么做？他们怎么拒绝你？

M：通过做我也会做的事情，通过把我隔开。

F：怎么做？

M：说"走开，不要烦我"。

F：再说一遍。

M：（声音大了）走开，不要烦我。

F：你刚才只是对着苍蝇说。对他们说。

M：走开，不要烦我。

F：对我说这句话。

M：走开，不要烦我。

F：对你的孩子说这句话。

M：（更轻地）走开，不要烦我……

F：现在呢？

M：他们走了。

F：然后呢？

M：然后我一个人。

F：你安全吗？

M：我安全……是的，他在这里。

F：那又怎样？墙还在那里。

M：是的。

F：现在墙更近了，是吗？

M：有时它变得特别近。

F：现在再一次，和这堵近在眼前的墙摊牌吧。

M：（叹气）你离得这么近，以致我……我有时候不能呼吸，我变得非常害怕。然而，然而我不能穿过你……我不会让我自己穿过……我可以靠近，然后真的压垮我自己。

F：好。现在来这里压垮我，再来……真刻薄。压垮我。

M：不，我不想压垮你；只是我自己。

F：我想让你压垮我……你想让我压垮你？

M：不……

F：好，你仍然需要对你自己感到满意。继续，你会怎么压垮你自己？

M：我不知道。我，啊，我不知道我在做什么……

F：这是一个谎言。你很清楚你在做什么。你正在怎么压垮你自己……

M：我不是——我在那儿放了一堵墙，我不让我自己穿过它。

F：你会怎么压垮你自己？……你会怎么压垮你自己？

M：我关闭我自己，不说话。

F：你会怎么压垮自己？……嗯？现在发生了什么？

M：我根本没压垮我自己。

F：你根本没有压垮自己，你在玩游戏。

M：是的。

F：你现在有什么感觉？……我注意到你停止用你的游戏折磨我了……

M：（活跃地）好吧，现在？我不知道，我只是感到有点傻。

F：看一看观众。（梅大笑）……看着他们。

M：他们都在那儿。

F：对他们说这句话。

M：（激动地，几乎是哭着）你们都在那儿，我可以看到你们的眼睛，你们的脸在看着我，你们都有美丽的脸庞……

F：你可以下去触碰你看到的人吗？

M：我可以触碰你们所有人。（梅下去触碰、拥抱人们，开始哭）

F：好了，你们看到在这个私人舞台发生什么，在想象的舞台上，自我催眠的想象可以多有力？……不再有墙了。

M：（笑）你是对的……

F：好。谢谢你。

你们看，通过认同墙，梅获得了相当一部分的整合。下次她做一些事情的时候，这一小点增加的自信会协助她，她会更少地需要环境支持。最容易的方式，真的，最容易去做的方式就是去倾听任何你使用它的时刻。这是最简单的方式。只要重新组织你们的句子。从纯言语层面开始，直到体验出现：这不是一个它，而是我。

马克斯

马克斯（Max）：弗里茨我有一个梦的片段。

弗里茨：好，让我们立刻开始吧。在你理解我们做的事情的意义之前，你会把这看成一种技术。一个不被理解的技术会成为噱头。所以现在我们将使用你所谓的一定量的噱头。现在我想和你一起使用的噱头是把拥有变成存在。不说"我有一个梦的片段"，而是说"我是一个梦的片段"。

M：我是一个梦的片段。

F：现在停在这句话上，消化它。你是一个梦的片段，这对你而言说得通吗？

M：嗯，我是一个整体的片段。/F：是的。/只有部分的我在这里……

F：你感觉到你的现实；你不是一个梦……

M：我感觉到椅子，我能感觉到热，我感觉到我的胃和双手的那种紧张……

F：那种紧张。这里我们有一个名词。那种紧张是一个名词。现在改变这个名词，这个东西，变成动词。

M：我紧张。我的双手紧张。

F：你的双手是紧张的。它们和你没有关系。

M：我紧张。

F：你紧张。你是怎么紧张的？你正在做什么？你看，持续的物化倾向——总是想把过程变成某个具体事情。生命是过程，死亡是件事情。

M：我正在让自己紧张。

F：就是这样。看一看"我正在让自己紧张"和"这里有紧张感"两句话的不同。当你说"我有紧张感"的时候，你是不负责任的，你没有为此负责，你是虚弱的，你不能对它做任何事情。世界应该做些什么——给你镇痛剂或其他的。但是当你说"我在紧张"的时候，你在承担责任，我们可以看到生命的第一丝兴奋开始出现。所以停在这句话上。

M：我在用我的胳膊向下压椅子。

F：你确定吗？你体验到这点了？……做到你真的感觉你正在做这件事为止，充分地、百分之百地为你做的负责。

M：我正在僵硬地握着我的双手……我僵硬地收缩着我整个身体。我的背是僵硬的——我僵硬地收缩着它。

F：你能想象让你自己保持这么僵硬、扮演僵尸需要多少能量吗？

M：我不能继续，因为我很僵硬。

F：谁为你的僵硬状态负责？

M：我正在让我自己保持僵硬。我还没有放松自己。

F：你还没有放松你自己。看到分裂了吗？"我正在让自己放松。"

M：但是我还没有。

F：你感觉你应该放松。

M：我感觉直到我放松才能继续。

F：你不能继续。谁让你继续？

M：我正告诉我自己我愿意继续。

F："我让我自己继续。"你在操纵你自己。所以你建了大门闩，然后想要敲开它。你让你自己僵硬，然后你告诉自己放松。你看见通过这种游戏浪费的所有的能量了吗？

M：我刚才在放松我自己。

F：你放松了你自己？

M：我更放松了。

F：你做到了这件事，还是它自己发生了？

M：它自己发生了。

F：这就是我在说的。任何刻意的改变都注定会失败。改变通过有机体的自我调节自己到来。如果你饿，就是饿。如果你不饿的时候吃东西，你可能会得胃溃疡……我注意到你在肘以下是活跃的。你像一个饺子一样只有一点突出来——你的双手。要不然你就完全身处自己的世界。觉察这一点——你向生活的拓展是多么地少。现在你对我的这些评论有什么感觉？

M：我不喜欢"饺子"这个词，但是我——那是真的。

F：你看，当你表达这句话的时候你在微笑。但是你坐在不喜欢的位置上。它已经制造了一定程度的不舒服，你不能把你的能量投入正在发生的东西中，因为你太忙着抑制一些东西。一些人真的是委屈的收集者，在生活中一心收集委屈，不让它们出来，除此之外什么都不干。你可以想象它们给你的生命留下很少的活力。

不舒服出现得很频繁。不舒服永远是不诚实的症状。如果你不诚实地表达自己，你会感觉不舒服。当你充分表达自己的那一刻，不舒服就消失了。

M：（紧张，语速快）我不会，大多数时候我做不到。我的意思是，你只是因为我紧张才获取了刚刚发生的一些东西。

F：你是紧张的。/M：是的。/你能给我你的症状吗？

M：血液流进我的血管里的感觉。我能感觉到它们——我感觉到血液流淌，以及我的心脏跳动，我背部下面突然出现一种疼痛，我感觉僵硬，只有僵硬。那是紧张……我能继续梦吗？

F：问弗里茨。把弗里茨放到那张椅子上问他。

M：弗里茨，我能继续梦吗？……

你为你自己决定。（笑声）

我在一个开放的旷野，在远处我看到一些东西累积堆叠。然后我靠近它，它只是一座废弃的城——当我靠近它时，它是一座废弃的城。巨大的建筑碎片堆叠在一起。这个梦有些不那么连续的片段。我想它发生在一个复杂的晚上。但下一个画面是一个洞穴，我站在洞穴中。我在梦里没有看到我自己。洞穴里还有另外两个人。当我看他们的时候他们正在洞穴中走——魅影重重，非常黑——他们看起来像猩猩，他们像猩猩一样走路，来来回回。我突然意识到他们基本上是畸形的。他们每个人都有些很严重的畸形。

然后，角落里坐着一个女人，我意识到这个女人也是完全畸形的。她没有下巴，她的右边完全陷到里面。男人来回走着，然后突然接下来的事情是这个女人——她躺在地板上，张开腿，男人走向她，他们正在和她性交。这一幕变得越来越诡异，我也掺和进去了。我走过去，也操了她。我几乎要呕吐。有些东西让我窒息。

　　然后出现了沉默。我不知道过了多久，紧接着还有另一个梦，我又在一个开放的旷野上。我和一个孩子在一起，拉着一个孩子的手。我在试着带着他到处走，想要教他一些东西。我尝试和他讲话，尝试和他讲话，突然我意识到他一点也不明白，他没有头脑。我开始朝他吼："你必须明白！你必须明白！"但是他一点也不明白……（轻声地）就是这样。

　　F：让我最感兴趣的是你谈到右边是残废的，而谈话的时候你一直只动你的右手，左手完全是被动的……

　　M：我的左手很弱，我难以用它做事，我的右手强一些……

　　F：好，现在再找你自己的弗里茨，让他指导你的梦工作。

　　M：有一个冲突，因为我对那两个男人和那个女人更感兴趣。我对他们是谁很感兴趣。所以如果我是弗里茨，我会跟随那个，做那个。

　　X：你能大点声说吗？

　　M：（爆发）我说我不能做我自己的弗里茨，我说……你问了我一个不可能的问题。我做不到。实际上，在过去的 24 小时里，我已经在我的心里尝试去做了。

　　F：对弗里茨讲这句话……

　　M：我在过去的 24 小时里已经尝试了，尝试认同我自己，成为其中一个男人或女人，对我自己讲话。我就是做不到。他们拒绝说一句话。他们只是看着我，完全沉默。我开始对他们生气，我在叫喊，他们不做反应。我试着和他们玩耍；我就坐在那里看着我自己，带着完全的沉默，完全的死亡。

　　F：那么弗里茨对此有什么说法？

　　M：弗里茨，弗里茨说……"好吧，你能对死亡讲话吗?"……（耳语，带着情绪）妈的。

F：再说一遍。

M：妈的，我说。/F：再来。/

妈的。/F：再来。/

妈的！（用拳头砸椅子的扶手）

F：你现在体验到什么？有些东西在发生。

M：我体验到在做梦前一个晚上体验到的。我当时即将接受大脑手术。那是我第一次完全、彻底地恐惧死亡。我发生了车祸，我刚刚还是一个健康的人，突然就需要做大脑手术。我害怕死去。（耳语）那种感觉现在完全回来了。这是第一次我开始觉察到它，就像完全发生在当下一样。你知道，它就在下一个角落。我害怕。我从——我以前从来不害怕。现在那种感觉又回来了……强烈的恐惧，就……

F：对死亡讲话……

M：但是他们——他们——他们是死亡。我不知道对他们说什么！

F：对死亡讲话。你说你害怕死亡，我不知道死亡对你意味着什么。

M：你会对我做什么？好吧，假设你接管了，你会对我做什么？

（温和地笑）我会清空你的思想。你会像一个孩子一样；你会没有思想……

你看他拦住了我。他就把我拦在那里……我开始想……

F：你又开始使用你的思想了？

M：是的，我刚刚溜进去了。

F：你能扮演一个没有思想的人吗？

M：孩子！（活跃地）他是彻底快乐的。他很快乐，他四处跑着玩耍，/F：扮演它。/采花……

F：扮演他。（笑声）

M：（兴奋地）他在四处走动，他在采花，他在玩耍，他在围着小山跑，他在笑，做各种事情。

F：扮演他。

M：我是一个孩子。

F：扮演他。

M：一个没有思想的人不说话，所以我只做事情。我只能做事情……（柔和）不，他在笑。（笑声）他在笑着，微笑着。

F：扮演他。（笑声）

M：（兴奋地）没有空间，没有足够的空间。我需要跑——我就是得跑起来。要扮演他，我得跑到山上采花。

F：注意到这个不思考的孩子和思想者之间的区别了吗？

M：是的。我不是没有觉察到……梦里是非常真实的，我在我的梦里大喊。我就像那样对孩子喊。我喊道："没有时间了，没有时间了，你必须理解。"而他四处走、采花。（笑声和掌声）

F：收到信息了吗？（笑声）你看这就是我想关心的。我，这个弗里茨，不能和你一起回家。你不能把我当成你永久的治疗师。但是你可以获得你自己个人化的弗里茨，并随身带着这个弗里茨。他知道的要比我知道的多得多，因为他是你自己的创造。我只能对你的体验进行猜测、理论化或解释。我可以看到抓痕，但是我感觉不到痒。我不是你的蛔虫，我没有傲慢到成为一个精神分析师，说我知道你的体验、感受。但是如果你理解这个完全个人化的弗里茨，你可以自己用一把椅子、沙发，或任何你有的东西，只要你遇到麻烦，就去和这个想象的弗里茨对话。

马　克

马克（Mark）：我感觉你在等我开始。我有一个感觉我们两个都坐在这里等一些事情发生。

弗里茨：你是如何体验到等待的？什么现象叫作等待？当你在等待的时候发生了什么？

M：当我等待的时候，我开始思考，啊……你可能会说或做什么，那么我就知道怎么反应了。

F：你是如何想的？……或者用我的话说，你是如何排练的？

M：好吧，我尝试想象你可能会说什么……我试图挑出完全正确的反应……我尝试不同的短语和词……把它们放到那里，看看它们看起来怎么样。

F：嗯，你看这是一个反自发性行动的精彩例子。你通过排练、预演或说任何正确的话来阻碍自己的自发状态。所以你干掉了所有处于自发状态的可能性。

我在一个人身上注意到的第一件事是他是一个封闭的还是开放的系统。你们看，马克是一个封闭的系统。他的双手是封闭的，他的腿是封闭的，所以我不知道我能不能和他沟通。（马克打开了他的姿势）现在，我一说到这点，他就破坏了封闭这个现象，他上演了一个开放的秀。我们等着瞧这个表演能持续多久，他是否会回到封闭。我怀疑一个人是不是仅凭指出问题，就能这么快打开一个封闭系统。

M：这个梦——只是很短的一个片段。我以写歌为我的副业，我和一个歌手有一个协议，他将录一首我的歌，自从大约一年前的那个协议后，我一直没有收到他的消息，在梦里——

F：这就是梦？

M：不是。在梦里——

F：噢，你加入了联想。

M：嗯，只是梦的一点前言。梦本身——

F：对你需要给你的行为和话加上前言这一点，你了解什么？

M：为了方便这里的人们，以便他们——我设想他们可能希望了解梦的背景。

F：啊哈。

M：这个梦本身——在梦中，他在对我说话，他说："你知道我们在安排上出了巨大的问题。"

F：现在，我已经可以利用这一点了。你可以扮演他，对你自己说话吗？

M：（抚慰地）好吧，我们在安排上出了问题。

F：现在换座位。那么你会如何回答？

M：我需要编一个回答，在梦里我没有回答。这些就是所有我回忆起来的。

F：现在再坐到这张椅子上，再对马克说话。

M：（挑衅）你接受我说的吗？

F：交换角色。现在给你和你的朋友写一个小剧本。

M：不，那不像是合适的回答。你答应我你会录制它。我觉得你的话听起来像借口。

F：你不想让我这么快就淡出。（笑声）但是你注意到那个朋友已经后退一点了。我注意到每一次我说一些似乎表达了不赞许的东西时，你就试图改变你正在做的……好了。

M：我不知道，我不知道，我们当时在录，我答应了——我是一个很忙的人，我们遇到了一个不能攻克的问题，然后转而做起了其他事情。

F：你听到你的声音了吗？

M：是的。

F：你的声音听起来像什么？

M：最后我听到呜呜一声。

F：啊哈。你注意到和你开始不一样的一个变化。

M：我知道你是一个大忙人，但是这对我非常重要，我把承诺看成诺言。此外，我知道你很受这首歌感染，而你——看起来诺言就像被扔到了路边。我想要一个解释。

这样，如果你想要起诉，可以，但是我给你的解释就这么多。

F：你的右手在做什么？

M：在摩擦这两根手指之间的地方。我感觉就像我用最后一个陈述结束了对话。

F：对他说这句话。

M：我感觉就像我用上一句陈述结束了对话。

F：你在笑。（笑声）这个结束有什么好玩的？

M：我对你讲这件事，之后你命令我对他说，然后我对他说，这让我觉得很好玩，我觉得这戳中了我的笑点。

F：你能告诉我"弗里茨你很搞笑"吗？

M：弗里茨，你很搞笑。弗里茨，你真搞笑。（笑声）

F：你能具体地说说吗？

M：嗯，当你宣布成为西拉诺的时候，你有点像在做鬼脸，并从中获得了很多快乐。然后当萨莉说她爱上了一个喜欢抚摸自己胡子的人，你几乎跳了起来，多次摸你的胡子。每个这样的时候都显得很搞笑。你也很悲伤⋯⋯这也很搞笑。

F：请你扮演悲伤的弗里茨。（马克在观众的笑声中，用肢体表演出悲伤的弗里茨，然后坐下来等待）⋯⋯

F：气氛怎么改变的？你注意到气氛的改变了吗？

M：似乎有点试探性的。我想，我在——我在等你，他们在等我们。

F：你是怎么知道他们在等的？

M：我设想他们在等。这里有互动，是沉默的，而且⋯⋯

F：你设想。

M：我设想他们在等待继续。我刚体验到沉默的⋯⋯

F：我刚才想突出"设想"这个词。你不知道。

M：不，我不知道——我之后说我——

F：你恰好在那一刻体验到某种等待了吗？

M：等待？我不知道它是等待还是仅仅观察你和我看着彼此，这本身可能就是一种体验，无需等待其他的东西。

F：好的，那我们回到梦。梦里还有什么其他的东西？这是整个梦吗？⋯⋯你在多大程度上在你朋友的角色中识别出了你自己？你能再扮演一次他吗？你能告诉马克"我是如此这样的一个人"吗？

M：我是一个歌手，我——在一个社交场合听马克唱过歌，很被那首歌触动，当我向他表明的时候，他说："哦，如果你这样感觉，我甚至会让你唱它。"我说："我会把它录下来。"

F：现在是我对每个梦的基本问题：你在回避什么？

M：我一年来做了一点小小的努力联系他，但是我在考虑不妨以更激烈的方式提醒他他的诺言，但是我没有做。

F：所以你在回避闭合这个情境，闭合这个格式塔。你仍然四处带着这个未完成事件。所以这可能是小范围的回避。而更大范围的回避——嗯，你能唱一下这首歌吗？

M：可以。

F：请唱吧。

M：（浅唱低吟）

　　玫瑰白，玫瑰红

　　梦想实现，小狗长大。

　　但是它们要被照顾

　　它们需要被喂养

　　否则小棕狗啊，还有愿望

　　枯萎凋零，当它们死去

　　有何话可说？

　　有什么可做？

　　唯有为其歌唱一曲

　　将花扔在其头上

　　玫瑰白，玫瑰红。

F：（温和地）你需要他干什么？你可以唱自己的歌。

M：我可以唱，我享受唱。我想让其他人有机会听到它。

F：你知道如何使用磁带录音机吗？

M：知道。

F：那你要他干什么呢？你可以自己用磁带录音机。好的。你能扮演这首歌吗？你能扮演玫瑰吗？"我是一株红玫瑰……"给它一些词。

M：我是一株红玫瑰，长在一株白玫瑰旁。我需要被照料，就像所有东西一样，被照顾。

F：你在对谁说这句话？你在对谁说？

M：我没有觉察到我在对谁说这句话。

F：帮我个忙，对某个人说这句话。

M：我是一株红玫瑰，我像一只小狗，以及任何活物一样。我需要被——当我成长的时候，我需要被照料、被照顾——如果你知道这点，如果我属于你，那么照顾我就是你的责任；如果你不照顾，你所要做的就是把另外一株红玫瑰或白玫瑰扔到我身上。

F：我还是想让你交换角色。现在成为完全按马克的要求行事的人。成为这个人，照顾马克。（马克用肢体表演温柔地照料、照顾玫瑰）

F：你体验到什么？

M：我照顾……这个。我在做我的任务，和这个产生关系。

F：现在再交换，再成为玫瑰。

M：感觉良好。我没有觉察到任何具体的东西。突然，我被照顾到了。

F：好了，我想在这儿结束。我想说，仍然有许多需要做。马克仍然需要……让我给你关于马克的一些简短的想法，因为它在此非常美地出现了。像我之前说的，成长和成熟是超越环境支持，转向自我支持。孩子需要环境来照顾他，随着你长大，你越来越多地学会自立，提供你自己的手段-媒介去生活，等等。现在很明显，马克仍然需要人照顾他，他的歌需要环境支持、被滋养，所以仍然还缺乏一些成熟人的东西。那么这个缺失的部分去哪里了？它在我们叫作投射的东西里面，仍然在外面的世界。但是你们注意到了，当他照顾玫瑰的时候，是非常有爱的。他想通过说是出于职责所做来藐视它，但是我在他的动作里看到一些非常温柔、非常投入的东西。这就是我在这里看到的。

吉　姆

吉姆（Jim）：我只有梦的一个片段，梦里没有声音。

弗里茨：现在，第一眼看上去吉姆的下半身是开放的，但这里是关闭的——他用双手遮着他的生殖器。所以这是我看到的第一件事情。这点非常重要——哪部分是关闭的，是整个人格，是下身还是上身。下半身主要是提供支持，上半身是为了接触。这是我们自立的方式，这是我们接触世界的地方，用我们的双手。所以吉姆只是坐在这里，我就已经看到很多了：他的姿势，他动他的头的方式，等等。

J：你已经让我很吃惊了。（笑声）这和我的梦没关系，但是还有一大堆评论，因为——

F：你们从他的动作看到他的双手缺乏灵活性了吗？他只用右手，总是指向他自己；他在和自己联系。这就是克尔凯郭尔一开始说的——自我和自我的关系。如果你这样生活，你能实现多少？

J：我害怕移动。

F：这正是我想要指出的。（笑声）

J：现在我知道我的梦为什么短了。

F：你能启发我一下吗？我不知道你的梦为什么短。

J：我有的就是典型的重复梦，我认为很多人都会做这样的梦，如果他们有背景问题，而那不是我认为我可以做出来的事情。它是远处的一个轮子，我不确定它是什么类型，它朝我而来，甚至体积一直在增长，体积总在增长。然后最终，它超过了我，我说不出有多高，它太高。那是——

F：如果你是这个轮子，你会有什么样的存在？你会和吉姆做什么？

J：作为一个轮子，我会有什么样的关系？

F：你刚才描述了轮子，体积在增长……

J：好吧，我会从吉姆身上滚过。

F：你会怎么做呢？

J：我会怎么做？继续在我的小路上行进，在我目前的小路上，我会继续动，从吉姆身上滚过。

F：对吉姆说……

J：以轮子的身份？

F：是的。

J：我不知道轮子会对吉姆说什么。

F：好吧。我将帮助你告诉我我是否正确地理解了这个轮子。我在这里，我在滚，滚着，变得越来越有力量，没有什么可以挡我的路。吉姆，我会从你身上滚过，不管你喜不喜欢……这个是我的轮子，现在，你的轮子会是什么样？

J：我想说你不会从我身上滚过。

F：对轮子说这句话。

J：（试探性地）你不会从我身上滚过，我不让你这样做。

F：你听到你的声音了吗？如果你是这个轮子，这样的声音能阻止轮子吗？（笑声）

J：不能。

F：轮子会对吉姆的声音说什么？

J：厉害。（笑声）

F：吉姆怎么说？

J：吉姆具有本能，也许——我不知道。我的第一个冲动是——吉姆会大声说，或者，我不知道。第一个冲动是尝试——

F：你们有注意到他多么经常地使用"我不确定，我不知道"这样的话吗？一次又一次地，我们听到"我不知道，我不确定，我要怎么做"。我怎么经常听到这样的表达，有什么意义吗？

J：它有意义吗？

F：对你，是的，我如此频繁地听到这种表达这个事实。

J：是的，它在我的生命中有很多意义。我很优柔寡断，我不能对任何行为做出承诺。

F：在梦里，你的能量去哪儿了呢？

J：我看不到我有什么力量，当我有时——换句话说，我看到了一个体积超越——超越任何——就像那个轮子太巨大，以致我想不出任何可以与之对抗的。

F：好。现在，再扮演那个轮子。这次，试着认同轮子，扮演轮子。起来扮演轮子……我是吉姆……

J：我是一个轮子，我——我是——你没有机会。我朝你过来了，我——你不要动。

F：你有感觉到任何力量吗？现在当你扮演轮子的时候，你有感觉到果断吗？

J：没有……我感觉到决心。

F：是的。这就是你投入和投射你潜能的地方，投入太多，以致你有意识的人格中所剩无几。现在再扮演这个轮子。精确。噢！你现在甚至有两只手。注意，你甚至开始使用双手了。

J：我是一个轮子，现在我感觉这个轮子没有我想的那么大。

（笑声）你在吉姆的头脑里加入了一点关于这个轮子的真实力量的怀疑，我不能扮演这个轮子……

F：好的，现在坐下。现在，再对轮子讲话。

J：（犹豫地）啊……（笑声）……你说得太多了。/F：再说一遍。/

　　　　你说得太多了。/F：再来。/

　　　　你说得太多了。/F：再来。/

　　　　你说得太多了。

F：现在对轮子说这句话。

J：你说得太多了。你看起来大，但是当我停下来去评估你有多大的时候，你真的没有我一开始认为的那么有力量。

F：注意到你的不确定还剩多少了吗？你已经重新拥有多少你投射到轮子里的力量？

J：是的。我认为我——现在，和它一样大，我认为我会做任何我可以做的。换句话说，我总是有一种感觉——我能做什么？但是现在我知道至少我会做任何我能做的去阻止轮子……并且，啊，至于这个东西，我不能生育，这影响了我的婚姻，这正是我感到羞愧的一件事，你说过我遮着我的生殖器。

F：那个大轮子，是吗？

问题一

Q：如果你不记得任何梦呢？这有什么含义？

F：关于这点我有一个理论。你不想面对你的存在。对我而言，梦是一个关于你人格缺失了什么部分的存在性信息，在梦里你已经可以看到你是如何回避的。你可以很确定不愿意回忆梦的人是有恐惧症的人。如果你拒绝回忆你自己的梦，你实际是在拒绝面对你的存在——去面对你存在的问题。你回避不愉快的东西。通常这些人是一些或多或少认为他们已经与生活达成协议的人。你的确会做梦，但是你不记得。你每晚至少会做四个梦。我们知道这点。如果一个人不记得他的梦，我让他对缺失的梦讲话——"梦，你去哪里"，等等。

Q：如果你有一个非常短的梦呢？

F：通常我会让人和梦产生关系。这很长，也很复杂，在梦结束之前，整整一个小时过去了，你比工作开始之前还更困惑。所以一个短的梦通常比长的好。如果你有一个很长的梦，我会只选择一小段。

我相信梦的每一部分都是你自己的一部分——不仅仅是人，还有每一个物品、情绪，任何出现的东西。我最喜欢的例子是这个。一个病人梦到从我的办公室离开，去了中央公园。他穿过骑马专用道进了公园。我就让他"现在扮演骑马专用道"。他气愤地回应道："什么？让每个人在我身上拉屎撒尿？"你们看，他真的获得了认同。我让这个病人扮演所有的部分，因为只有通过真实的扮演你才能获得充分的认同，而认同是异化的克星。异化意味着"那不是我，那是其他的东西，一些奇怪的东西，不属于我的东西"。通常你会在扮演这个异化部分的时候遇到不少阻抗。你不想重新拥有、拿回那些已经被你推出人格的你自己的部分。这是你让自己变得贫乏的方式。这就是角色扮演的好处，如果我让病人自己扮演所有的角色，我们获得的图像比使用莫雷诺（Jacob Moreno）的心理剧技术——拉入一些对你了解很少的人——的时候更清晰，因为他们会代入他们自己的幻想、他们自己的解释。病人的角色被其他人的独特性篡改。但是如果你亲自做所有的事，我们就知道我们在你内部。而且在心理剧中你需要把你自己限定在人物中，而空椅子可以用来扮演任何种类的角色——轮子、蜘蛛、缺失的扶手、头痛，以及沉默。在这些物品里投入的很多。如果我们能让这些东西复生，我们就有更多的材料去消化。我的整个技术越来越倾向永远，永远不要解释。只是给予反馈，给其他人提供一个发现自己的机会。

Q：我想让你就一个人将因梦产生的感受带入清醒状态这件事做些评论。我知道我每晚都做梦，但是我记得的很少，不过我能从后面几天的感受中了解。如果我感觉焦虑，那么我直觉地感到我做了一些诱发焦虑的梦；有些日子我感觉非常振奋和兴奋，我能模模糊糊地记得一个很有收获的梦。

F：是的。你正在回避的就是说出这句话："焦虑是关于什么的？"我的猜测是那天你需要有所表现，你不允许自己在梦里排练，不允许为那件事做准备，你缺乏自发行动，所以你不得不准备。焦虑总是由离开现在而导致的。

Q：在我的情况里，有些梦一年又一年地重复。我有一个梦没有动作，只有一些场景，这有什么信息吗？

F：是的，你在回避行动。

Q：非碎片化的、整合良好的人，会做梦吗？

F：是的。但是那样你不再发现噩梦。你会企图填补他们人格的洞，以及直接、即刻应对未完成情境。一个人越是碎片化，他的噩梦就越多。一个很好的想法是不断看看在梦里回避了什么，然后填补洞，看看那儿有什么。

经常是这样进行。我记得我有一个病人有视盲，你们看他的眼睛被投射出去了。他总是感觉上帝在看着他，所以他当然没有眼睛了，所以他看不到。有一天他梦到他是观众，有一个舞台，舞台上空空如也。我让他上台，他说，"上面什么都没有"。我说再多看看，然后他说，"是的，有一些地毯"。然后我让他描述一下地毯。

"噢，有颜色！还有窗帘！"然后他醒了，（突然一下）就像那样，有了小型顿悟。"啊，我能看见了！"他突然之间有了眼睛。这不意味着眼睛会一直和他待在一起，但是至少他发现他可以看，他不需要总是成为眼睛的目标。这是一个典型的例子：其他人都有眼睛，他什么都没有。

Q：你能就存在性问题做些评论吗？确切地说，都有些什么？你能具体些吗？

F：我给你一个例子，也许这个例子能体现出来。一个人可能会因为某个行为而感到尴尬，对吗？但是有些人具有存在性的尴尬。他们对存在、所是感到尴尬，所以他们总是需要合理化他们的存在。换句话说，存在的思想要比单纯的症状治疗或性格特征广得多。很多人甚至没有感觉到他们实际上存在，如果要更进一步，我们都需要进入整个关于无的哲学，我认为这超越了我们本次研讨班的范围。但是眼下，就把存在性哲学看成关于所是（being）的哲学。当然，第一个问题是：什么是所是，什么是非是？大多数哲学感兴趣于解释生命，或是制造一些关于一个人应该如何活的思想。

让我给你们举一个无的哲学的例子，以便和其他哲学进行对比。我们不知道过去发生了什么，当我们尝试探寻这个世界最初是什么样的或此类问题的时候，我们一无所获。这个无对很多人来说有一种神秘的感觉。他们感觉存在一个空。所以他们把一些东西放在那里，每个宗教迅速发明一些东西，解释这个世界如何产生。这通常就是哲学解释的方式。现在这种解释，当然，阻碍了理解。他们给你一些理由，一些合理化，一些大象屎。我会说关于存在主义最好的定义出自格特鲁德·斯泰因（Gertrude Stein）的诗句："玫瑰是玫瑰就是玫瑰。"是什么，就是什么。

Q：有一个存在性问题——从心理学的角度。在心理学中，此时此地的问题没有——我想搭建哲学和心理学之间的桥梁。

F：此时此地不存在问题。你可以通过忘记你在此时此地，而从中制造一个问题。你现在在这里吗？没有，你人在这里，但是你的存在不在这里。你在你的计算机中。这就是你的此时性（now-ness）。我怀疑你是否在这里呼吸、看见我，或觉察到你的姿势，所以你的存在被限制了。你的存在可能围绕着你的思考旋转。我们时代的很多人只像计算机一样活着。他们思考、思考、思考，构建一个解释，又一个解释，缺失了理解。你们读过斯坦贝克的《愤怒的葡萄》（The Grapes of Wrath）吗？在书的结尾，里面的女人，那个妈妈——她明白了，她就在那儿。

Q：有没有什么方式可以知道一个梦是不是补偿，意义是相反的，还是直白的信息？

F：它总是一个意义含混的信息。如果它是直白的信息，你就不需要梦到它了。那么，你就是诚实的，这意味着你是健康、心智健全的。你不能同时既诚实又有神经症。

Q：你说梦总是意义含混的信息。我曾经做过一个梦。我认为它的信息非常简单，第二天梦里发生的事情全被我的体验证实了，所以我没有感觉梦总是意义含混的，我把它看成一种对将发生的事情的心理准备，还是说我没有看到全部——是否背后还有其他的东西？

F：是的，有一些东西掩埋着。我们做的很多事情都是我们恍惚生活的一部分。你们看，我们中只有少数人是清醒的。我会说大多数的现代人都生活在言语的恍惚中。他看不见，他听不到，要花好长时间才能清醒。首先，在治疗中，你们可以注意到一些短暂的觉醒，就是我说的小型顿悟。可能有一天一个人完全觉醒了，那么这个人就顿悟了。经常出现清醒后重新滑入迫害、言语的恍惚里的情况，而且你所说的无疑就属于处于恍惚状态的情况，即便你在现实中实现了这个梦。

Q：见诸行动，我可以接受——我可以接受这一点。但是发生的事件，物理上我无法控制它们。这就是我想要说的，我意识到我不能控制在我所处的情境中发生的事情，只有在那个时候我才回忆起了梦。所以，我没觉得它的信息是模糊的。这是我想要说的。我把它看成一种非常真实的关系，以及为这种缺乏控制所做的准备。

F：你看着我就像你在期待一场争论。

Q：我在和我自己争论，想要决定——

F：啊哈。我肯定听到了一些挑战。

Q：好吧。你仍然认为所有的梦都是意义含混的信息？

F：是的。

Q：如果一个孩子天生是左利手，而他的父母强迫他成为右利手，这对他有心理上的影响吗？

F：是的，一定。因为那样你给右边加上了双重负荷。结果经常是口吃，结结巴巴。

Q：我一直注意到在向人展示我的左边的时候，我会感到不满意。我经常坐在别人能看到我右边的位置。我曾做过一个鼻部矫正手术，以使两边更均衡，我右边的眉毛像拱形的，看上去有点凶，一直困扰我。我想变得更温柔，就像左边一样。我很想知道我可以从中学到什么。这是对接受右边——男子气的一边——的阻抗吗？

F：你问我你是不是有阻抗，你的想法是什么？

Q：我的想法是我有。

F：好吧。

Q：你对冥想有什么看法？

F：冥想是占着茅坑不拉屎。

Q：有可能利用未解决的生活情境，当它是一个梦，然后用同样的方式处理吗？

F：是的，都是一样的。

Q：格式塔治疗对精神病性障碍有什么说法？

F：对于精神病性障碍，我可说的很少。我们总是针对相反的事物、极性来工作。但是我看到，比如，我们举一个精神病性障碍——精神分裂，这是大多数人都感兴趣的。我们的世界由三层组成，你们知道这是一种概述。自我区域，内部区域——在本质上，让我们叫它生物性动物；外部区域，围绕我们的外部世界；以及在外部区域和内部区域之间，有一个DMZ——非武装区域，这是弗洛伊德发现的，他将之命名为情结。

换句话说，中间区域有一个意识的幻想区域，被叫作"思想"，充满了灾难性预期、幻想、计算活动——废话、项目、计划、想法和构想。这个中间区域占据着所有的能量、兴奋，所以可以用来和你自己及世界接触的能量所剩无几。

弗洛伊德想清空这个中间区域，这个想法是对的，但是在实践中，在精神分析里你会停留在中间区域。你不被允许去触碰、出去，无法用全部躯体经验去发现你自己、和这个世界碰触，等等。

所以现在，我发现——尤其是通过调查我自己的精神分裂区域——在精神分裂中存在很多兴奋不能流动的断壁。这个精神病性的人具有一个非常大的死层，而这个死的区域不能被生命力滋养。

一个我们确切知道的事情是生命能量、生物能量或随你想怎么称呼它，在遭遇精神病性障碍的时候，变得难以管理。它没有被分化或分配，而是喷薄而出。所以我们经常做的就是切除一片大脑或者用镇静剂杀死兴奋。现在如果我们这样做的话，我们就降低了兴奋水平，所以相对地，理性活动被激活。但是这不会真的疗愈病人，因为他的自我没有接收到应对生活中紧急情况所需的活力。

在我看来，梦和精神病性障碍之间有一些相似性。它们在局外人看来都是荒谬的，而对身处其中的人而言似乎都是真实的。当你做梦的时候，梦看起来完全是真实的。最荒谬的梦，最恐怖的梦，不会让人怀疑这是否真的发生了。我们对精神病性障碍的了解不多，但是我们对梦的了解很多。

梦和精神病性行为与心理之间很有意思的区别是这样的。通常精神病性的人甚至不会尝试处理挫折；他只是否认挫折，表现得好像这些挫折不存在似的。然而，在梦里，我们看到一种战胜这些挫折的意图。你可能知道大多数的梦是噩梦。噩梦是你让自己受挫的地方，然后你尝试克服它。你没有成功，但是随着它继续，特别是有了针对这些梦的工作，你可以战胜这些自我挫败，然后学习应对它们。所以这几种梦和精神病性障碍之间的关系，我认为或许值得调查。可能同样值得去调查精神病性这个荒谬的词可以怎么理解。

我们确切地知道一个人可以住进精神医院后好转了，出来后又变坏。这表明其中必定涉及一个重要的情境或行为因素。它不可能只是化学。而且对化学和行为之间的关系的研究也不多。不管化学心理学家有什么说法，疯狂在头脑里。它当然也与生理有关，但是根本上，所有令人不安的东西都在你的幻想中。

我们在精神分裂的人身上看到的极性和我们在大多数人身上看到的一样。我们发现和自己接触的人，是和世界脱离接触的人。他们具有一种丰富的内部生活，但是他们把世界关在外面。我们同样有偏执的精神分裂者，和自己没有接触，但经常和世界接触。他总是在扫描世界，但是没有感觉。所以还是只有他的一部分在发挥作用。所以理性的关系都是不可能的。这些就是到目前为止我想要讲的。

朱　迪

朱迪（Judy）：皮尔斯博士，我可以问一下为什么，啊……你知道他们总是说你有象征性的梦，可我从来没有过。我……/弗里茨：我不知道什么是象征。/我再次体验了创伤——然而，我从没有梦到任何想象的东西，我经历了实际经历过的创伤，它和实际发生的一模一样。它的重要性是什么？啊，近年来，我已经——它已经变了，你知道，我不再梦到它了，但是——

F：我没有收到任何信息。你想要说些什么，但是我没有收到。你能好心过来下吗？

J：如果你不让谈我的梦，我就来。我什么都记不清楚了……

F：我听到你了，你在对我说一些句子，我想要获得信息。

J：在我开始前，（紧张地）让我抽支烟镇定一下。有人有火柴吗？（她走向舞台的途中，从一个人那儿借了火）谢谢。

F：那是什么？（弗里茨指着她一直握在手里的火柴；她笑了）那是什么？你们瞧——

J：我读了《性与单身女孩》（*Sex and The Single Girl*），书里说永远不要自己带火柴——

F：（温和地）闭嘴。她只是在操纵环境以获得支持。她自己带着火柴呢，但是她必须拉你照顾她。这已经是第一个信息了……

J：什么？

F：什么？你在问我？

J：（诱人地，带着镇定和控制）这是你的秀，博士。

F：（对团体）你们注意到歪曲了吗？是我的秀。我想从她那儿获得一些东西。

J：（紧张的笑声，稍微有些惊慌）我觉得你得不到。

F：所以，舞台已经设定好了。我想从她身上获得一些东西；我不会得到。

J：我听说过你。

F：她让我"来吧"，好让斧头落下。

J：谁的斧头，我的还是你的？

F：请把这个问题变成陈述句。

J：用这句话造一个陈述句？啊哦哦……谁会处理烫手山芋，你还是我？

F：这是个很好的解释。这就是我们所说的熊陷阱。她在玩陷阱的游戏。设置陷阱，等你受困，于是，啪！

J：我不是邪恶的……（皮尔斯开始点烟，但是故意划不会

点着的地方，玩朱迪的游戏，更多的笑声）

J：你需要帮助，博士。你不能自己点烟吗？（弗里茨继续划不会点着的地方……最终朱迪帮他点着了……弗里茨一开始看起来很无聊，然后闭上眼睛，似乎睡着了）

J：你睡觉时的呼吸太重了……（皮尔斯继续闭着眼睛）……

J：不要让我踢你！（笑着吼叫）

F：好的，非常感谢你。

贝弗利

贝弗利（Beverly）：我猜我得说点什么。我没有有趣的梦，我的梦有点明显。

弗里茨：你觉察到你心怀戒备吗？……我没有只要你说梦。

B：你问我昨天晚上，我担心这会让我不合格。如果我可以制造一些……

F：你现在的姿势非常有意思。左腿支撑着右腿，右腿支撑着右手，右手支撑着左手。

B：是的，这样让我有东西可抓。有这么多人在场，你会有点怯场。这么多人。

F：你怯场，有很多人在。换句话说，你在台上。

B：是的，我觉得我有这样的感觉。

F：好吧，和你的观众接触会怎么样？

B：嗯，他们看起来很好，他们的脸庞看起来不错。

F：告诉他们这点。

B：你们有非常温暖的脸庞，兴致勃勃，很有趣……有——有很多温暖。

F：然后再回到你的怯场。你现在体验到什么？

B：我不再怯场了，但是我的丈夫不看我。

F：那么回到你的丈夫。

B：你是唯一一个看起来难为情的人。在我看来，没有人感到难为情。（笑声）你感觉有点高高在上，是吗？或者有点像年轻的你在这里？……不是吗？

X：（来自观众的呼喊）回答！

丈夫：她是在上面的人，但她想把我放到上面。

F：（对丈夫）是的，你得回答。（对贝弗利）你必须知道我的感受。

B：他不经常回应。你想让他做不符合他性格的事吗？（很多笑声）

F：所以，你是一个修理匠。

B：你需要一个烟灰缸。

F：我需要一个烟灰缸。（弗里茨拿着他的烟灰缸）她知道我需要什么。（笑声）

B：噢，不是，你有了。（笑声）

F：现在我怯场了。（笑声）我总是不知道该如何应对"犹太妈妈"。（笑声）

B：你不喜欢"犹太妈妈"吗？

F：噢，我爱她们，尤其是她们做的团子汤。（笑声）

B：我不是一个美食家犹太妈妈，我就是一个犹太妈妈。（咯咯地笑）我也不喜欢鱼丸。我猜我是一个很明显的犹太妈妈。做一个犹太妈妈也不坏。这也没什么。实际上，这样很好。

F：你的双手在做什么？

B：呃，我的大拇指指甲在相互牵引。

F：它们在对彼此做什么？

B：就是玩，我经常这样做。瞧，我又不抽烟，那你能用手做什么呢？舔大拇指又观感不佳。

F：这也是犹太妈妈，她做什么都有理由。（笑声）

B：（开玩笑地）如果我没有的话，我会编一个。（咯咯地笑）有序的宇宙。做犹太妈妈有什么不对？

F：我说过犹太妈妈有不对吗？我只是说我不知道怎么应对她们。

有一个关于剑客的著名故事，这个剑客非常出色，甚至可以击打雨滴，下雨的时候他就使用自己的剑，而不打伞。（笑声）现在也有聪慧的行为主义剑客，他们在回应每一个问题、陈述或做其他事情时，都选择打回去。所以无论你做什么，你立即就会被某种回应——假装愚笨或可怜人，或其他游戏——阉割或打晕。她真是绝了。

B：我从来没有意识到这点。

F：你们看到了吗？又出剑了，假装愚笨。我想再重复一遍我之前说过的。成熟是超越环境支持转向自我支持。有神经症的人，把所有的能量都用来操纵环境以获得支持，而不是调动自己的资源。你一而再再而三做的就是操纵我、操纵你的丈夫、操纵每个人来拯救"受难的少女"。

B：我是怎么操纵你的？

F：你看，又来了。比如，这个问题。这对成熟非常重要——把问题变成陈述。每个问题都是一个钩子，我会说你大多数的问题意在折磨自己和其他人。但是如果你把问题变成陈述，

144

你就打开了很多背景。这是发展出色智力的最好手段。所以把你的问题变成陈述。

B：好吧，那——那暗示，呃，我有很多错误。你不是这个意思吗？

F：把弗里茨放到这张椅子上问他那个问题。

B：你不喜欢犹太妈妈吗？你碰到过你不喜欢的吗？

嗯，我喜欢她们。她们只是有点难以应对。

哦，什么让她们这么难应对？

嗯，她们很教条、很有主意，不灵活，她们为自己建的用来成长的盒子比很多人的更狭小。她们不容易治疗。

每个人都需要适应你的治疗吗？

不是。（笑声）

（对弗里茨）你有像这样和你自己换椅子吗？

F：（大笑）噢，是的。噢！甚至我也被扯进来了！（笑声）

B：你说你和犹太妈妈有问题。（笑声）

丈夫：你现在明白我为什么不回应了吧？（笑声和掌声）

F：是的，因为你们看到一个犹太妈妈不说"你不能抽这么多烟"，她说"你需要一个烟灰缸"。（笑声）好了，谢谢你。

马克辛

马克辛（Maxine）：我的梦是我在我父母的家里，然后……

弗里茨：好，你能先扮演你的声音吗？"我是马克辛的声音。我声音大，柔软，低沉单调，悦耳，我是有生气的……"

M：我是马克辛的声音，我死气沉沉……几乎没有情感，我感觉自己不同于我的声音所代表的。

F：好，那么和你的声音相遇。把你的声音放到这儿，你坐在这里。你说："声音，我和你没有关系。你和我不一样。"

M：声音，你和我不一样。我感觉完全和——和——和你听起来的感觉不一样。我焦虑，我在发抖，我怕死……

F：这是你的感觉。

M：我的胃在——我的胃在——在跳。

F：好，现在成为你的声音。

M：我——我不知道你不——你不想让我去——去，呃——去表达你真实的感受，所以我在帮你掩饰……

F：现在，写个剧本，你每说一句话，或在任何你想回嘴的时候，你都要换椅子。现在声音对马克辛说，"我想要掩饰你的感受"，是吗？

M：但是我不想让你掩饰我的感受。我想要——想要你让我的感受出来，我想要你……

F：再说一遍"我想要你让我的感受出来。"

M：（更有生气地）我想要你让我的感受出来，我想要你让我成为一个人。

F：再来。

M：我对你一直掩饰我的声音感到烦了、累了。我想要——我想要成为我自己。

F：再说一遍那句话，"我想要成为我自己"。

M：我想要成为我自己。/F：再来。/

我想要成为我自己，声音！我想让你停止为我掩饰。/F：再来。/

我想成为一个真正的人。/F：再来。/

我想要成为我自己！停止为我掩饰！

F：让我凭直觉工作。对布莱恩（未婚夫）说这句话。

M：停止为我掩饰……

F：感觉到了吗？

M：没有，我害怕说这句话。

F：对他说这句话……

M：不要为我掩饰。

F：好，再闭上你的眼睛。闭上眼睛进入你的身体。你体验到什么？

M：很紧张。我的腿在抖，胳膊也在抖，我的胃也很紧张。

F：舞动出紧张，用动作表达出你现在所有的感觉。

M：我感觉有点紧，在我的——

F：好。（皮尔斯伸出胳膊）现在抓紧我，再抓紧，再紧些，再紧些。挤爆我……现在你感觉到什么？……

M：我感觉更放松了。

F：啊哈。因为你对我做了通常你对你自己做的。这是格式塔治疗的黄金原则："对其他人做你对自己做的。"我认为我们现在已经准备好对梦工作了，所以让我们来说梦。

M：我在家，我——我和我姐姐在一起，我们在一起很快乐。

F：在梦里？/M：是的。/什么样的快乐？

M：我们一起谈话，一起做事情，我们——

F：你们一起做了什么？你看，我不能理解抽象的语言。我必须对一些实在的东西工作。

M：我们——我们一起逃跑，我们——

F：你们一起逃跑。

M：我们一起逃离人，并且——

F：我不明白"人"这个词。你从谁那里逃离？

M：从我父母那里。

F：啊，这是快乐的。

M：是快乐的。我们理解彼此。我可以对她讲，我可以向她发泄我的敌意。我可以对她喊叫、挑剔她。我不能对我的父母这样做。我所能做的只是——只是没有生命力地和他们在一起，只是听他们的。

F：好吧。和你的姐姐相遇。

M：你是一个乞丐，你不好，我比你好……

F：换座位。她怎么回应？

M：我不喜欢被叫作乞丐。/F：再说一遍。/

（大声地）我不喜欢被叫作乞丐。/F：再来。/

（有活力地）我不喜欢被叫作乞丐！/F：再来。/

我对你一直叫我乞丐感到烦了、累了！

F：现在你听起来很真实。你听到了吗？

M：我不喜欢你那样，（高而任性的声音）我恨你，我不——

F：我不相信你的恨。"我恨你。"我没有听到任何恨在里面。你又在讲文学语言了。

M：你是乞丐。

F：哈！再说一遍。

M：你是一个乞丐，你是一个乞丐，我不是乞丐，你是乞丐。

F：换座位……你现在体验到什么？

M：我——我感觉我想要把她撕碎。我想要把她的衣服撕掉，把她的腿扯掉，我就想把她打成碎片。

F：现在做，舞动，表演出来。

M：我表演不出来。

F：做！不要给我这个狗屁……你可以很用力地挤我。我们有什么她可以撕的吗？（有人拿了报纸）你撕的时候呼吸，发出声音。发出声音。

M：我不能撕碎你，诺尔玛……我想要这样做，但是——

F：嗯？你为什么反对？

M：我——我——我真正气的人不是你。

F：啊哈。

M：我不想伤害你。

F：你不想怎么伤害她？（笑声）

M：你不是那个人，我不想杀你，我不想撕碎你，我不想——让你成为植物人。不是在身体上杀死你，但是我不想——

F：你想要杀死谁？

M：（柔和地）我想要杀死我爸爸。

F：好，让我们叫爸爸来。（皮尔斯低声说）你知道，当然，父母永远不够好，父母总是有错。如果他们个子高，他们应该矮小。如果他们是那样，他们应该是这样。所以，告诉他，他怎么不符合你的预期？他应该怎么样？

M：他应该让我一个人待着。

F：告诉他这句话。

M：（任性、抱怨地）不要烦我，爸。离开我，让我一个人待着，让我过我自己的生活，停止干涉，让我一个人待着。

F：他听到你说的了吗？

M：没有。

F：所以再试一次。交流。

M：我——我感觉很伤心，当我告诉你这点的时候。

F：对他说这句话。

M：当我告诉你这点的时候，我感觉悲伤，因为我真的不想伤害你。当我试图伤害你的时候，我感到内疚。

F：在格式塔治疗中我们把"内疚"这个词翻译成怨恨，所以让我们试试这个版本。你怎么称呼他？

M：爸爸。

F：爸爸，我怨恨这个和这个，我怨恨那个和那个。

M：爸爸，我怨恨——我怨恨你想让我——满足你的需要——

F：比如——

M：我怨恨你告诉我在哪里生活、做什么，因为我知道你对我说这些的唯一原因是——是你自己的需要，你想让我住在你附近。你想让我……

F：你现在在阻挡什么？

M：我在想——我努力在想怎么表达他想让我做的。

F：好，扮演他。让他说："马克辛，我想让你住在我附近……"

M：所有我想从你这里获得的，辛儿——所有我给你的，我已经为你做了这么多——我想要的所有回报就是你做一个好女儿。我想让你做其他人做的事。我想你——我想你从事药学，这也与你的学位相匹配，你却把它全扔了。如果你这样做的话，你四十岁就可以退休，你就可以获得所有你想要的钱。（笑声）

我不想做一个药剂师。我从不想成为药剂师。

F：再扮演爸爸。

M：我从没有告诉你要学习药学，你可以做任何你想做的，我不关心你做什么。我告诉你的全都是，做可以赚大钱的事情，获得好名声。

F：你能假装做一些事情吗？可以吗？

M：可以。

F：继续扮演爸爸，然后每次回来的时候，你说"去你的"。（笑声）

M：每次我回应我爸爸，我都说"去你的"？

F：是的，对。他在说教，不是吗？所以就让他布道，每次他想要给你灌输一些东西的时候，告诉他"去你的"。

M：我是一个病人，我——我受不了——受不了你这样对待我。你会要了我的命的。

F：现在他改变了他的语调。现在他在扮演悲剧女王。（笑声）告诉他。

M：爸爸，你在扮演悲剧女王。你扮演可怜无助的老人。"为我感到抱歉。"这就是你想告诉我的。"为我感到抱歉。"一个虚弱的老男人。我——我烦了、累了。我——我也帮不上忙，如果你是一个虚弱的老人，如果你就是这样的话。

（鼾声）他睡着了。（笑声）

老天，爸。我太生你的气了，每次我要表达什么，或者告诉你什么的时候，你完全——你不——你甚至什么也不听，我说的一切都是不负责任的——

F：再多加些，把整个自己放进去。

M：所有我曾和你说的，你都认为是不负责任、不值得的——

F：（模仿她的语调）咿咿呀呀咿呀咿呀。

M：咿咿呀呀。我对被当成孩子感到烦了、累了。我不是一个孩子！

F：呃，你的声音没有传达出来，没有这样表达。你的声音还是一个任性的孩子。试一试我的药，告诉他"去你的"。

M：去你的，你这个老混蛋。（欢笑和掌声）

你怎么可以对你爸爸讲这样的话！我从来没有说过这样的话。我把你养大不是让你这样说话的。你接受的全部教育都喂狗了。（笑声）

你是一个心胸狭窄的人。你这么心胸狭窄，以致你看不到别的，除了/F：咿咿呀呀。/你自己的方式。

F：咿呀。你听到你的声音了吗？好，继续对他说，但是注意听你的声音。

M：我希望我可以告诉你我对你的真实想法。

F：嗯，这听起来是真实的。再说一遍。

M：我希望我可以告诉你我对你的真实想法。

F：谁阻碍了你？他不在这里。现实中他不在这里。冒下险……

M：如果你不会死，也不会把你的死归罪于我，我——我就真的告诉你一些事情。

F：好吧，现在他死了。

M：感谢上帝！（笑声）

F：现在你可以说真话了。

M：我感觉他死去都是我的错。

F：噢，这是他的声音。来吧，交换。我想要听他说什么。"都是你的错。"

M：都是你的错。我——我生着病，还很无助。我有各种病，各种小毛病，因为你对我吼，因为你让我——因为你不——

啊，因为你不感恩，因为你不帮助我，因为当我需要你的时候你不和我在一起，我死了。这是你的错。

F：好了，交换。"这是我的错。"

M：是，所以我是一个懒人。现在这让你开心了吗？你为我感到骄傲吗？这是你想要的吗？认为你的女儿是一个懒人？好的，我承认了，我是一个懒人，而且我还要一直做个懒人。

那好，我让你见识过了。我死了，你会感到抱歉，有一天你会感到抱歉的。

F：再来。

M：有一天你会感到抱歉的。

F：什么时候？

M：有一天你会感到抱歉的，当你意识到——当你长大后意识到你是怎么对待我的，当你意识到全都是因为你我才死了的时候，你会感到抱歉的。

F：好。现在对观众说这句话。对布莱恩（未婚夫）说这句话，看看合不合适……"有一天，你会因为你待我不公而感到抱歉。"（笑声）

M：（紧张地笑）请不要嘲笑我。（清嗓子）有一天你会感到抱歉的。你会感到抱歉，因为——因为你没有正确对待我。你会失去我。

F：告诉他你怨恨他……你现在体验到什么？

M：我感觉——啊，害羞——和——就像我——就像我没有权利和你说话。（叹气）

F：你感觉到什么？你体验到什么？你的身体感觉到什么？

M：没有生命力，一无所有。死亡。我感觉我没有理由活着……

F：所以你就回去了，而不是向前走，是吗？好的，回到我这儿。你对我有什么感觉？

M：我害怕你。

F：你想对我做什么？

M：我想成为你的朋友。

F：那么，如果你害怕，那意味着你对我投射了一些攻击。

M：我害怕你离我太近。

F：啊哈。我可以走多近？

M：我不知道。（笑）这就是我害怕的。

F：好，让我们回来，对爸爸说这句话……

M：老爸，我害怕你离我太近。我担心你钩住我。我担心你让我成为一个无名氏，一无所是……

F：那么你扮演爸爸，说"我会钩住你"。

M：我会抓住你。

F：对，这就是你的力量所在。来吧，扮演巫婆。

M：（有力地）我比你强壮。我会抓住你，我会把你放进笼子，一辈子。（双手伸向外面做抓的动作）

F：嗯，这看起来更像绞杀。

M：我要绞杀你……/F：对。/我要让你像你妈妈一样。我会让你——让你降低到——让你只能变成我想让你成为的样子。你会实现——你会满足我所有的需要。你会成为我的奴隶。我会拿走你所有的感受，直到你唯一能感觉到的就是我的感受，你唯一接受的就是我的感受，并且——并且——你要照顾我的感受，忘记你自己的，它们不重要，它们不成熟，它们是幼稚的。

F：你在这个角色中感觉怎么样，作为操纵者？

M：我不喜欢它。

F：你感觉到任何力量了吗？

M：是的。

F：你把自己看成操纵者吗？（她摇着头）不，那么它就没有价值……你现在体验到什么？

M：我对我爸爸生气。

F：好的。

M：你不能这样对我，爸爸。我不会让你这么做。

F：再说一遍。

M：（大声地）你不能这样对我。

F：我仍然没有听到任何愤怒，我听到的仍然是抱怨。咿咿呀呀。目前，所有的力量仍然在他身上，你仍然在防卫。

M：爸爸，我不允许你这样对我。我不知道——当你在我身边的时候，我不能阻止你。当你在我身边，我却不能阻止你的时候，我只想离开你。我会在我们之间设置好几英里的距离，远到你无法再这样对我。我不会让你得逞。如果我必须离开你，那就是我会做的。

F：说这句话，"我不会让你得逞——"

M：我不会让你得逞。/F：大声点。/

我不会让你得逞！/F：大声点。/

老天！（喊叫）我不会让你得逞！

F：大声点。用你的整个身体说。

M：我不会让你得逞！

F：再来，我仍然不相信你。还是文学用语，哭泣，抱怨……我还没有感觉到任何自信。

M：我不能再大声了。

F：他仍然是更强的那个。

M：然后我会跑开。

F：是的。现在这仍然是你需要修通的——真的站在他面前。不是像一个哭泣的孩子，而是作为一个成年女性。

M：我知道你的意思。谢谢你。

F：我想告诉你我最近的爱好。我以前的学生杰里·格林沃尔德（Jerry Greenwald）写过一篇非常棒的论文。当然，就像所有心理学家一样，他必须使用一些字母、数字、名字，所以他使用了 T 类人和 N 类人。T 类人代表有毒的（toxic）人，N 类人代表滋养的（nourishing）人。我给你的建议是，当你遇到一个人的时候，仔细听他是一个有毒的人还是滋养的人。如果他是有毒的，你感觉吧啦吧啦、耗竭、烦躁；如果他是滋养的，你会成长，你想要跳舞、拥抱他。所以任何句子——任何人说的任何东西都可能要么是有毒的要么是滋养的。从自我获得支持的任何东西都是滋养的。任何被操纵、驱使的刻意的东西，大多数都是有毒的，是假的、虚伪的，是一个谎言。

你们中的治疗师，如果你有一个有毒的病人，弄清楚他想怎么毒害你。你耗费了多少能量？你是不是竭力倾听你的病人？你是不是感到要为他所有的鸡毛蒜皮负责？他是如何浪费了四十分钟来说废话，就为了在最后五分钟丢出一些东西，好把你钩住，让你很难让他离开？或者你听到他在让你昏睡吗？你睡着了，直到他叫醒你，你是一个好的治疗师吗？

当然了，总是存在混合，但是有时候你会遇到百分百有毒的人。如果你是有毒的，这意味着你有恶灵、恶魔附体，那是毒害你的人，是你整个吞下的人。弗洛伊德派的思想认为我们内摄所爱的人是错的。我们总是内摄有掌控权的人。

我正在想一件与有毒和滋养相关的事情。如果和别人在一起或者在一个团体里，你感到耗竭、筋疲力尽，那么你可以确定你收到了很多有毒的句子。如果你是鲜活、清醒的，那么你收获了很多滋养。通常有毒的东西是裹着糖衣、蘸了糖的。现在你们注意到了马克辛的爸爸是多么有毒。他用所有这些威胁毒害她，所以她和他保持距离。但是她还没有获得免疫。你们明白我在说什么吗？

M：我知道你在说什么。

F：我认为就你的第一次工作而言，你很勇敢，也很配合，但是我们还没能通过。我们不能总是在 20 分钟内进行治疗。

Q：你说你从外爆进入真实层面。难道喜悦、性、愤怒的外爆不能是真实的吗？／F：可以。／你为什么把这个和真实层做区分呢？

F：因为真实层会首先在这些外爆中显现自己。

Q：所以它们是相关的。

F：噢，肯定的。这就是我说的，这是一种联系。内爆向外，冲突的能量向外进入外爆。你们在这里注意到，在每个例子中，他们是如何自我保留的。在本例中，声音是在掩饰。这总是一种内部争斗。当她挤压自己的时候，是内爆——她感觉很不舒服。当她挤压我，实现轻微内爆的时候——她很强壮——她感觉好多了，更像她自己。

我发现这个夏天我从斯坦·格罗夫（Stan Grof）那里学到的东西非常有意思，我了解了他们在捷克斯洛伐克如何做 LSD 治疗，这完全证实了我关于内爆层、死亡的核心的理论。尽管一切都在恶化，但他们显然有勇气穿越死亡中心并坚持住，然后康复到来了，而非症状回来了。我发现这很棒地证实了我的理论——一种除了我自己的体验外的证据。

伊莱恩

弗里茨：你是否注意到你的身体里正在发生什么？

伊莱恩（Elaine）：是的。

F：你体验到什么？

E：我的胃在跳，我的心脏在咚咚响，但是我真的没有感觉——我现在开始放松了……我有个梦想告诉你。我在……

F：你听到你声音里的泪水了吗，当你说"我在"的时候？你听到泪水了吗？这是我想要让你注意的东西——声音。声音告诉你的一切东西，每一秒。

E：好吧，我当时在我的床上，呃——

F：请用现在时态讲述你的梦。

E：好的。我现在躺下……我正在睡觉，一个神父，一个天主教神父来了，他身披黑色的袍子，他来到床边，啊，他让我和他走。一开始，我很害怕，因为这个情况我不能掌控。他问我——

F：我能打断你一会儿吗？告诉团体"我必须控制情况"。

E：我必须控制情况。

F：告诉在场的一些人。

E：我必须控制情况。（犹豫地哭起来）我必须控制情况。啊，啊，他穿着黑袍朝我走过来，他让我过来，我失去控制了——我失去控制了。

F：现在你们注意到这种急迫。所以伊莱恩表现得仿佛她是情绪盲一样。她体验到一些东西——哭泣或其他——发生了一些事，但是她必须过一遍她的梦，就像没有什么可以干扰她完成这件事一般。显然她是一个目标导向的人。好。

E：他让我和他走，我害怕，我说"现在我不能走"，他非常强硬，他说"现在你必须走"。我说"我不能，我还没有准备好"。然后——我——似乎移动了，当我对他讲话的时候。我不——我感觉不到我在身体里。（开始哭）我的身体在床上，我在外……边——但是我不能和他一起动，因为我不能离开床上的身体，所以我告诉他我必须回去，我必须回到我的身体，因为我还没有准备好。（痛苦少些了）我确实——我移回来，他立刻就离开了。当他离开的时候，我和我的身体坐在桌子旁，这个桌子是有些——一张长桌子，木质的，我的家人坐在那里——我的妈妈、爸爸、我自己，还有我的哥哥。首先，我的哥哥走入另一个房间，去死，（冷静地）我没有被这影响。死亡，他要死了，对我没有任何意义。在梦里，我几乎要为我对他的死无动于衷而内疚。然后，我的妈妈和爸爸从房间里走回来，我的爸爸——我想要托住他。我正拉起他，（声音崩溃）他没有骨头，他没有结构，他只是一只变形虫，我拉不动他，我扶起他，他（开始哭）站不住。我没办法让他站立，我累了。（柔和地）那发生在他身上了……他也走向了死亡——（快速地）他向他的死亡移动，就剩下我和我妈妈，我坐在桌子旁，等待着我的死亡……

F：那么，我们从与神父的相遇开始。你坐在那儿，把神父放到这张椅子上，对他讲话。

E：我特别害怕……所有你告诉我的事情，关于我的死亡，我想要理解它，但是你什么也没有给我，（哭泣）没有办法理解它……我问过你……我没有办法……发现它，通过你，而你坚持回到我的生命中……

F：扮演他。"我是你的神父。"

E：（冷酷地）我是你的神父……

F：你现在在做什么？你在排练吗？

E：不是……我……感觉就像一个权威人物在对她讲话。

F：对她说这句话："我是一个权威。"

E：（微弱地）我是一个权威……我是一个权威。我是一个权威，你必须听从我告诉你的。

F：再说一遍。

E：我是一个权威，你必须听从我告诉你的。

F：大点声。

E：我是一个权威（哭泣），你必须听从我告诉你的。

F：神父在哭？

E：不是，但是我有一个领悟，当我说……

F：那么，再做你自己……

E：我……你知道我刚刚想到了什么吗？

F：对他说这句话。

E：（微弱地）我是神父……我是神父，伊莱恩是神父。

F：啊哈，现在对观众讲这句话。

E：（冷酷地）我是神父，伊莱恩是神父。

F：实际上——这是决定性的点——梦的每一部分都是你自己。人类人格的碎片化只有在梦中才能完美呈现。如果你对一个梦进行自由联想或寻找现实的事实，那么你就破坏了你从梦或幻想中获得的，即重新整合你否弃的人格。我想一次又一次地强调这一点。格式塔治疗具有一种整合取向。我们整合。我们不是以分析为导向的。我们不进一步分割，然后寻找原因和领悟。伊莱恩刚刚的体验是典型的。只需这一小点，她已经意识到她是神父。材料的每一点，如果你真的充分扮演它，它会再次成为你自己的一部分，你不是越来越贫乏，你变得越来越丰富。所以做你自己的神父。做我的神父……

E：我会引导你。

F：嗯，你在控制，是吗？

E：是的，现在我是。而且——我将帮助你指导你的存在，不是我。那就是我当神父的时候——或者说，我是神父。

F：你害怕你的力量，害怕你成为神父的愿望？

E：是的。

F：也对观众讲这句话。

E：我害怕我的权力，（哭泣）以及做神父的愿望……确实如此。

F：好吧，我不理解你的哭泣。让我们再进一步。你哭泣的力量是什么？

E：我很少在人前或在一些场合哭，很少。

F：你的哭泣达成了什么？你哭泣的力量是什么？

E：啊……我哭泣的力量。我是谦虚的，我在表现谦虚，我想要谦逊，我想要变得谦虚。

F：你上演了婴儿哭的节目。

E：我现在做的是这个吗？

F：这是我的一个老笑话。眼泪是女人第二有力的武器。（笑声）你们知道什么是最有利的武器吗？——煮饭。（笑声）所以你现在体验到什么？/E：谦逊。/谦逊。/E：是的。/你能夸大谦逊吗——舞出来，表演出来？……（伊莱恩起来，驼着背缓慢地四处移动）……有什么感觉？

E：我知道它感觉不是什么——不太知道感觉是什么。我通

161

常站得笔直，昂首站着。在这里我感觉很小、很矮。

　　F：所以我们再多一点与神父的相遇。再把他放在这里，再告诉他，"我还没有为你做好准备"。

　　E：我还没有为你做好准备……我不知道……如何应对你……

　　但是我坚持要求你应对我，而且必须是现在，因为你不能再等了。你真的没有多少时间可以等待。

　　F：再说一遍。

　　E：你没有多少时间可以等待。你等待得够久了。

　　F：换座位。

　　E：还有太多需要我照料的事情。我——没有打算应对你，因为……有太多实际的事情需要我照料。我没有——我没有时间。

　　F：是的。你获得了存在性信息吗？

　　E：嗯，我获得了？——我是否知道发生了什么？

　　F：是的。从梦里——你获得了梦传达的信息吗？梦在说什么？

　　E：它告诉我我生活在两极——在两极的尽头——我还没有走到一起，也就是中间。就像，我生活在……我没有如你所说活在当下。

　　F：你注意到整个梦都被未来占据，大多数是未来的结局——死亡。对死的恐惧意味着对生的恐惧。这对你有意义吗？你有一点收获吗？

　　E：是的，噢，是的。我——我生活的强度在情绪上已经变得如此大，/F：是的。/以至于我对参与的很多事情都感到很紧张，因为我对死亡的关注，所以每一刻——嗯，我做这么多事情，我的身体里有这样一片混乱……

F：好的，把混乱放到这张椅子上，对你的混乱讲话……

E：你没有——我的混——你没有，没有办法——我没有应对你的办法。

F：嗯，再说一遍。

E：我没有应对你的办法……没有……没有办法……让我和你接触。你在控制我。

F：是的。现在成为控制你的混乱。"伊莱恩，我是你的混乱，我控制你。"

E：我会不停地动。/F：再说一遍。/

我会不停地动。/F：再来。/

呃，动。/F：再来。/

我会让你不停地动。/F：对观众说这句话。/

我会让你不停地动。/F：对在座的一些人说这句话。/

我会让你不停地动。我会让你不停地动。

F：所以，你怎么做到呢？你如何让大家一直不停地动？

E：通过让他们参与——参与我所说的。/F：啊哈。/但是由我控制着。

F：啊哈。现在再对团体讲话，给我们做个一分钟的演讲。"我是个控制狂，我必须控制世界，我必须控制我自己……"

E：我是控制狂，我必须控制人，我必须控制我自己，我必须控制世界。当我控制世界时，我就可以处理它了，但是由我控制的时候，我没有办法处理它。然后我失控了，所以我——

F："然后我失控了。"让我选取这一句。闭上你的眼睛，让自己失控……当你失控的时候发生了什么？

E：（放松地）噢，我……慢慢地动，我平静地和自己在一起。

F：再说一遍。

E：我在……我在慢慢移动，平静地和我自己在一起。/F：嗯。/旋转……轻轻地……没有紧张。

F：感觉好吗？

E：相较而言，是的。

F：嗯……所以当你失控的时候发生了什么，当事情不由你控制的时候？

E：它是……我可以——我可以描述它——它是当大海的潮汐慢慢卷动的时候产生的运动，不过，我是运动和旋涡的一部分，那不是暴力的。我慢慢地移动，打着圈。我在转弯，我的身体在慢慢地随着大海的旋转而旋转，这就是我的感觉。

F：所以那个灾难性预期——如果你不控制的话，一些糟糕的事情会发生——不是很正确？

E：是的，这是那时我成为的——

F：是的。我感觉你当时更是你自己，更少分裂。所以控制狂真的阻碍你成为自己。

E：是的，甚至是我的身体。

F：嗯……好了。

琼

琼（Jean）：这是我很久之前梦到的。我不确定它是怎么开始的。我觉得它最初开始于——有点像纽约的地铁，似乎买——把地铁票放进去，走到验票闸门，走向通往长廊的小路，然后似乎走到一个角落，然后我意识到这有一条什么路，呃……它似乎是通向地下而非地铁的斜坡。它似乎拐弯了，我意识到发生了什么，就在我发现这个斜坡的节骨眼上，我妈妈和我在一起，或者也许从一开始她就在——我记不清了。

这个斜坡，不管如何，它有点泥泞，有点倾斜，我想，噢！我们可以从这儿下去！而且，好像在边上，我捡起一个被丢弃的纸箱——或许它就是展开压扁的，或许是我把它展开压扁的。不管怎样，我说："让我们坐在它上面。"我坐在边缘，让它颤了一下，我说，"妈妈，你坐在我后面"，我们开始向下去。它转啊转的（快速地），好像还有其他人排队等着，但是随后他们消失了，我们就（开心地）旋转着向下走，它就继续向下、向下、向下，我有点意识到我进入了地心。

我会不时转身说："这是不是很有意思？"——似乎是这样，尽管我可能会发现，我也没有这种看法。但是它似乎很有意思。我好奇底部会有什么，向下，转啊转，最终它停下来了，当我们起来的时候，我惊呆了，因为身处此地的我想着："噢，天啊，这是地心！"然而，这里非但不黑，反而好像有来自某处的光，一个美丽的……哦，有点像一个……我从来没有去过佛罗里达，但是它似乎像佛罗里达的沼泽，有潟湖、高高的芦苇，还有美丽的长腿鸟，是苍鹭一类的。我记得没有特别说过什么，除了也许像是"有谁曾料到此景！"这样的话。

弗里茨：好的。现在，当梦者告诉我们这样的故事的时候，你可以只把它当成一个偶然事件或未完成情境，或未实现的愿望，但是如果你使用现在时讲述它，映射我们的存在，它立即获得了不同的方面。它不仅仅是偶然发生的。你们看，梦是我们的存在的凝缩反映。我们并未充分意识到，我们将生命投入梦里：荣耀的、无用的梦，空想主义者、匪徒的梦，或任何我们梦到的。在很多人的生活中，以自我挫败的方式，我们的梦变成了噩梦。所有深度宗教——尤其是禅宗以及好的治疗——的任务是顿悟，大觉醒，通达一个人的感官，从梦中醒来——尤其是从一个人的噩梦中醒来。我们已经可以从这点开始，通过意识到我们在人生的戏剧中扮演角色，通过理解我们总是处在恍惚的状态中。我们分辨"这是一个敌人"，"这是一个朋友"，我们玩所有这些游戏，直到我们来到我们的感官。

当我们来到我们的感官，我们开始去看，去感受，去体验我们的需要和满足，而不是扮演角色，也不再需要这么多扮演角色的道具——房子、汽车、一叠一叠的衣服，尽管说到这里，一个女人总是没有衣服穿，所以她仍然需要另外一件。或是一个男人，当他去工作和去见心上人的时候需要一件新衣服——数以万计不必要的压箱底的东西，用这些东西给我们自己增添负担，没有意识到无论如何，我们获得的所有财产都是暂时的，你不能带走，如果我们有钱，我们又要为钱额外操心。你不应该失去它，你应该增加它，如此等等，所有这些梦，所有的噩梦，是我们的文明的典型。觉醒以及变得真实意味着与我们已有的一起生活，与真实的全部潜能、丰富的生命、深刻的体验、喜悦以及愤怒在一起——真实而不是僵尸！这就是真正的治疗的含义，真正的成熟，真正的觉醒，而不是继续自我欺骗和幻想不可能的目标，不用因为我们不能扮演我们想要扮演的部分而感到抱歉，等等。

所以，让我们回到简，你能再说说吗？再讲一遍梦，当成这是你的存在一样，就像你现在正在这样活，看看你是不是能更多理解你的生活……

J：我不——它真的不太清晰，直到我发现我自己——这个地方已经变成斜坡的顶端。我不记得一开始我是不是害怕，可能吧。噢，我应该现在说这个吗？

F：你现在在斜坡上。你害怕下去吗？

J：（大笑）我猜我害怕，有点害怕下去。但是之后它似乎……

F：所以存在性信息是"你必须下去"。

J：我猜我害怕发现那里有什么。

F：这指向了假的野心，即你太高了。

J：的确。

F：所以存在性信息说"下去"，我们的头脑说"高比低好"。你必须一直在高处。

J：总之，我似乎有点害怕下去。

F：对斜坡说话。

J：你为什么这么泥泞？你又斜又滑，我可能会在你身上跌倒，然后向下滑。

F：现在扮演斜坡。"我又滑又……"

J：我又滑又泥泞，最好用来滑动，快速地从我身上滑到底部。（笑声）

F：啊哈，哦，可笑的是什么？

J：（继续笑）我就是想笑。

F：你能接受你自己很滑吗？

J：唔，我猜可以，是的。我似乎永远不……是的，你知道，总是当我认为我即将，你知道，说"啊哈！我现在抓住你了！"时，它滑走了，你知道——合理化。我又斜又泥泞。嗯。总之，我将向下，因为这看起来很好玩儿，我想发现这通向哪里，以及它的尽头是什么样的。似乎，也许只有现在，我四处看看我可以用什么保护我的衣服（笑声）或滑得好一点儿。我发现这个纸箱……

F：你能扮演这个纸箱吗？如果你是这个纸箱，你的功能是什么？

J：我只是——让事情变容易。我只是躺在附近、被剩下，啊哈，我有某种用途。

F：噢，你可以是有用的。

J：我可以是有用的。我不只是被剩下、躺在附近，我们可以让滑下来变得更容易。

F：有用对你很重要吗？

J：（轻声地）是的。我想成为某个人的优势……成为纸箱足够了吗？……也许我也想有人坐在上面。（笑声）/F：噢！/那本书里关于谁踢了谁的那个部分是什么？我想要被可怜，想要被压扁。/F：再说一遍。/

（笑着）我想要被人坐在上面、被压扁。

F：对团体说这句话。

J：好吧，这很难做到。（大声地）我想要被人坐在上面、被压扁……嗯。（大声地）我想要被人坐在上面、被压扁。（用拳头捶着大腿）

F：你在打谁？/J：我。/除了你呢？

J：我想是我妈妈，她正在转过去，在我后面，我环顾四周，看到了她。

F：好的，现在打她。

J：（大声地）妈妈，我在碾压——（捶大腿）哎哟！——你（笑），我将带你一程（笑声），而非你告诉我怎么走，带我去任何你想要去的地方，我要带你和我一起走一程。

F：在你对你妈妈的行为里你注意到了什么？

J：刚才？（笑）

F：我有一个印象，要笃定太难了……那是带着愤怒说的，不是坚定。

嗯。我想我仍然有点害怕她。

F：正是这样。告诉她这句话。

J：妈妈，我仍然害怕你……但是我无论如何都要带你走一程。

F：好的。让我们把妈妈放在雪橇上。（笑声）

J：（笑）你坐在我后面。你这次必须坐在后面……你准备好了吗？好的。

F：你在带领。

J：我在带领，我在掌控。（笑）

F：你是司机。

J：（悲伤地）我唯一要做的就是，你知道，下降。（叹气）

F：你坐过大雪橇吗？

J：我从来没有坐过大雪橇……但是我滑过雪。好的，我们开始。在这个时刻，我不知道我们将去哪里。我们出发，是因为有地方可去，我们在那里。

F：嗯，你说过这是通向地心的旅程。

J：是的，但我现在不是很确定。我不真的——直到我意识到我们已经前进了多远，我才渐渐领悟。

F：那么，出发。

J：我们现在向下走。我们滑下来，然后我们来到一个拐弯的地方，现在我们转圈……转啊……转啊……我看她是不是还在那里。（笑）她仍然在那里。

F：总是要进行相遇。这是最重要的事情，把任何东西都变成相遇，而不是说关于它的闲话。对她讲。如果你不对一个人说话，你就是在表演。

J：你还在那里吗？

F：她怎么回答？

J：是的，我还在这里，但是这有点儿可怕。

不要着急。我已经安排好了。（果断地）我们很快活。我不知道这去向哪里，但是我们会发现的。

我害怕。

我认为我——不要害怕。它向下向下，**向下，向下**……（柔和地）我好奇那下面有什么。它会只是黑色的……我不知道她说了什么。

F：你的左手在做什么？

J：就在这一刻？

F：是的，总是在这一刻。

J：扶住我的头。我……

F：就像？

J：不去看？

F：啊哈。你不想看你们在去哪儿，不想看见危险。

J：嗯。（柔和地）我真的害怕，害怕下面有什么……它可能是可怕的或者只是黑色的，也许甚至是湮没。

F：我想你现在走进这个黑色。这是你的无、空白、不毛的空。在这个空里感觉像什么？

J：突然，无是我向下走，现在……所以我仍然感觉我在向下走，所以它有点令人激动和兴奋……因为我在移动，我非常地有活力……我不是真的害怕。它更多是一种很强烈的兴奋……一种预期——在这个底部会发现什么。它不是真的黑的——它有点儿向下去，那儿有些光，来自哪里，我不——

F：是的。我想在这里抄一点近路，说点什么。你觉察到在这个梦里你在回避什么吗？

J：我觉察到我在回避什么吗？

F：拥有双腿。

J：拥有双腿？

F：是的。

J：腿带我去一些地方。

F：是的。你依靠纸箱的支持，而不是靠你的双腿站立，你依赖重力承载你。

J：被动地……被动地通过隧道，通过生命。

F：你为什么反对拥有腿？

J：进入我头脑的第一件事是某个人——第一件事情是某个人可能会击倒我，然后我意识到我害怕我妈妈会击倒我。她不想我有双腿。

F：现在，和她进行另一个相遇。她不想让你靠自己的双腿、自己的双脚站立，是真的吗？

J：（抱怨）你为什么不愿意让我靠我的双腿站立？

因为你无助。你需要我。

我不需要你。我可以全靠我自己过完我的生活……我可以！她一定说过"你不能"。

F：在此处你注意到同样的愤怒。/J：是的，我注意到了。/还有缺少坚定，缺少支持。

J：是的。

F：你看我们被塑造得多么奇怪。下半身负责支持，上半身负责接触，但是没有坚实、良好的支持，当然，接触也不稳定。

J：我不应该愤怒。

F：我没说你不应该愤怒，但愤怒是静止的，/J：它太不稳定。/太不稳定，是的。

J：我害怕靠我自己的双腿站立，以及对她……生气。

F：真正地面对她。现在用你的自己的腿站立，和你的妈妈相遇，看看你是不是能对她讲话。

J：（柔和地）我害怕看她。

F：对她说这句话。

J：（大声地）我害怕看你，妈妈！（呼气）

F：你会看到什么？

J：我看到什么？我看到我恨她。（大声地）我恨每当我想要穿过该死的百货商店的过道的时候，你都把我拉回来。

（高声）回这里来！不要去过道的另一边。

我甚至不能走过那该死的过道。当我想上大巴的时候不能去厕所。上大学前不能去纽约。去你的！

F：你现在扮演的多大年纪？

J：嗯，我……在百货商店里，我只有六到十或十二岁。

F：你的真实年龄是什么？

J：真实年龄？三十一岁。/F：三十一岁。/她死了。

F：好的，你能像一个三十一岁的人那样对你妈妈讲话吗？你能回到你现在的年龄吗？

J：（安静、坚定地）妈妈，我三十一岁了，我完全能自己走路。

F：注意区别。更少的虚张声势，更多的实质。

J：我能靠我自己的双腿站立。我可以做任何我想做的事情，我清楚我想要做什么。我不需要你。实际上，如果我确实需要你，你甚至也不在。所以你为什么在周围游荡？

F：是的。你能对她说再见吗？你能埋葬她吗？

J：嗯，我现在可以了，因为我在斜坡的底部，当我到达底部的时候，我站了起来。我站起来，我四处走，那是一个好美的地方。

F：你能对你妈妈说再见吗，"再见妈妈，安息吧"？

J：我认为我告诉过她……再见，妈妈。（像哭号）再见！

F：（温和地）告诉她，去她的墓地告诉她这句话。

J：（哭泣着）再见，妈妈。你对自己做的无能为力。那不是你的错，你之前已经有三个男孩了，然后你以为又是一个男孩，你不想要我，在你发现我是个女孩之后你感到很难过。（仍然在哭）你只是想要补偿我，仅此而已。你不需要让我窒息……我原谅你，妈妈……你真是工作得太辛苦了。我现在可以自己走了……当然，我可以自己走。

F：你仍然在抑制呼吸，琼……

J：（对着自己）琼，你真的确定吗？……（轻柔地）妈妈，让我走。

F：她会说什么？

J：我不能让你走。

F：现在你对妈妈说这句话。

J：我不能让你走？

F：是啊。你拉着她，你紧抓住她。

J：妈妈，我不能让你走，我需要你。妈妈，我不需要你。

F：但是你仍然想念她，是吗？

J：（非常轻柔地）有点儿。要有个人在那儿……万一没有人在那儿怎么办？……如果都是空的、黑暗的怎么办？不完全是空的和黑暗的——是美丽的……我会让你走……（叹气，几乎听不见）我会让你走，妈妈……

F：我很开心我们拥有刚刚的体验，我们可以从中学习到这么多。你注意到这里没有扮演行为，没有哭着要同情，没有用哭泣获得支持，这是我提过的四种外爆之一——外爆入哀悼的能力，而这个哀悼力，就像弗洛伊德说的，是成长必需的，它有助于向孩子的意象说再见。这是很核心的。很少有人可以真正地视觉化，说服自己是成人。他们总是仍然需要一个妈妈或爸爸的意象在周围。这里是弗洛伊德完全迷失的地方，是他完全错误的几件事情之一。他认为一个人不成熟是因为他具有童年创伤，但其实正好相反。一个人不愿意承担成人的责任，因此合理化，黏着童年的记忆，幻想他们还是孩子，如此等等。因为长大意味着孤单（alone），孤单是成熟和接触的前提。孤单、孤独仍然在渴望支持。今晚琼向成长迈出了一大步。

卡罗尔

卡罗尔（Carol）：我试图决定要不要和我的丈夫离婚，已经有十年之久了。

弗里茨：这是一个真正的僵局，喔！一个真正的未完成情境。这是僵局的典型特征。我们尝试一切来维持现状，而不是修通僵局。我们继续我们的自我折磨游戏，继续我们坏的婚姻，继续用我们的治疗改善、改善、改善，结果什么都没改变，但我们的内在冲突总是一样的，我们维持现状。那么对你的丈夫讲话，把他放到那里。

C：好吧，我感觉我已经——我发现了一些事情，安迪，我发现你——你对我而言是什么人，我也在某些方面爱着你。你知道当我和你结婚的时候，我不爱你，但是我现在的确爱你，在某些方面，但是——但是我感觉如果我和你在一起，我不能长大，我不想要成为一个怪胎。

F：换座位。

C：这不公平，卡罗尔，因为我这么爱你，我们已经在一起这么久了……我想要照顾你……我只是想让你爱我，而且——

F：我不明白。首先，他说他爱你，现在你说他想要——需要爱。

C：是的。我——我真的需要——我猜我的确需要爱。

F：这是一个交易吗？一个交易的协议——以爱换爱？

C：我需要你。

F：啊！你需要卡罗尔做什么？

C：因为你令人兴奋……没有你，我感觉是死的。

　　你是一个拖累，安迪。我不能同时心疼我们两个……我——我知道，我也害怕，我真的害怕离开。我也害怕离开。但是——我们只是害怕了。我们都需要爱。我不认为我可以给你爱。

F：我们能从怨恨开始吗？告诉他你怨恨他什么。

J：噢，我怨恨你成为我背上的负担。我怨恨——每次我离开房子，我需要为此感到内疚。我感到内疚，因为——

F：那是个谎言。当你感到内疚的时候，你实际上感到怨恨。擦去"内疚"这个词，每次都使用"怨恨"这个词。

C：我怨恨我不能感到自由。我想要移动。我想要——我怨恨……我怨恨你对我的唠叨……

F：现在告诉他你欣赏他什么。

C：好吧。我真的欣赏——你对我的照顾，你对我的爱，因为我——我知道没有其他人真的像你那样爱我。我怨恨你的——

F：现在让我们擦去"爱"这个字，放入真正的词。

C：噢。我怨恨你让我窒息，我怨恨你一直让我当一个小女孩。

F：那他需要做什么？

C：你应该和我上床，你应该和我做爱。我不想再找你做爱，以你的方式，我不想。应该由你做。有些事情错了，有些事情应该不一样。我——我真的想要去爱某——某个人。我——我厌倦了那个地方，只是被爱。我感觉我身上有个洞，我已经在我身体里凿了个大洞。我想要长大。

F：你感觉你现在多大？

C：多大？我……我没有——我真的不知道。我知道我总是能辨别出两个声音，我已经在这里努力不说太多，这样就听不到它们了。一个非常孩子气，另一个是——我喜欢的那一个，它听起来是成熟的。它是我在打电话时经常使用的。它有时候非常有敌意，非常尖锐。

F：你现在能听到你的声音吗？

C：它是——有点在中间。它是——呃——它是——被控制的，所以不孩子气。

F：好，我现在对你声音的反应是睡觉。你催眠了我，你让我进入睡眠……

C：（哭泣）我让我自己进入睡眠，就像这样，/F：是的，是的。/然后我似乎不能超越——我现在的位置——我可以成长，然后当我真的考虑做决定的时候——然后我让我自己睡着了。我要么去睡觉，要么做五份工作。（笑）我只是疯狂地工作。然后，我有一阵子有一种体验，我想，"好吧，我将会思考这个"，但我没去思考，我只是封闭，我去睡觉。要么坐在这里睡觉，要么服用睡眠药物。

F：现在我想要卡罗尔和睡觉之间的相遇。

J：噢，睡觉。好的。我能睡在这里吗？

F：不，那里是卡罗尔；睡眠在这里。

C：噢，天哪，我想就这么睡觉吗？这个下午我可能可以小憩一会儿，或者，如果我能立刻开始工作，我会去睡觉。但是也许我会多熬一会儿夜，看看电视或者做点其他的。没有什么可做的，我猜我还是得去睡觉。我不认为我可以自己睡着，所以我会服用药片，然后我一定要去睡觉了，因为我必须看着钟表，并且几个小时之后我需要起床。所以重新开始。好的，我打算去睡觉，我将——我会睡觉。

噢。我在睡觉……它和我想的不一样。我睡着了。（声音降低到耳语）我不是真的——我什么也不是——我——我不怨恨。我想……我想……我在移动……我不平静……我不平静。我……做梦，我在说话，我在听声音……

F：现在再成为卡罗尔。

C：我紧张。我的背痛，现在。我的眼睛感觉疲倦。我的腿感觉很紧。我——嗯，我幻想，我幻想很多。

F：是的。

C：当我在床上的时候，我幻想很多。

F：比如？

C：呃，我有我的老标准。（笑）白马王子……我不——我不再相信它了。（哭）它有六个月没有离开我，我不再相信它了。我会自己做一些事情——什么都没有，所有这些幻想的垃圾，于事无补，至少对我是这样。我需要自己做一些事情。不管怎样，我想在我的婚姻中做出承诺，总要有一个办法。要么拉屎要么离开马桶——要么这样要么那样，如此一来我就不用每天花费我的能量、时间思考今天是不是我做出决定的日子。

F：现在说这句话，像这样对卡罗尔说，"卡罗尔要么拉屎要么离开马桶"。

C：我已经告诉过她了。

F：让我们再做一遍。

C：噢——（笑）噢，卡罗尔，你什么时候打定主意？你会怎么做？看在老天的分儿上，做点什么。你只是一个无趣、单调的铃铛，在你见鬼的幻想世界里面响啊响啊。白马王子。你不再那么美丽了，你从不美丽。带你走，狗屎。没有人会来带你走。站起来走，如果你想走。

F：换座位……

C：是的，但是至少我知道我已经在这里获得了什么。它没有这么糟糕，真的，你知道，如果只看事情。停止对此大惊小怪，真的一点不糟糕。我很幸运。哎哟哟！（笑声）

F：再说一遍。

C：哎哟哟！/F：再来。/

哎哟哟！/F：再来。

哎哟哟！如此明智。天哪！你如此明智。好吧，你真犯了个大错。

F：再换座位。

C：我又忘了我是谁了。

F：我也觉得！是的，我同意。嗯，我想在这里结束。我所能说的就是，你是被卡住的一个绝佳的例子。你卡在你的婚姻里，用幻想卡住自己，用自我折磨卡住自己——

C：那么这是什么意思？

F：你被卡住……现在你想要从我这里获得一些东西。你看着我就好像你想要一些东西。

C：噢，我知道你不能真的帮我做我的决定，但是……/F：但是。/但是也许你可以帮助我理解我在哪里——比如我是不是有任何进步。

F：没有。你被卡住，你在你自己的沼泽里。

C：然后，你怎么从中出来？我怎么从这里出来？

F：更深地进入它。理解你是如何卡住的。你看过《砂之女》(The Woman in Dunes) 这部电影吗？

C：哦，我怎么更深地进入它？……思考它？

F：哦，我建议你使用"我卡住了"这样的话每天一百次。告诉你的丈夫你是如何卡住的，告诉你的朋友，直到你完全地理解了你是如何卡住的。

C：谢谢你。

F：好，我想清楚说明的是——它真是一个绝佳的例子。你可以去做一百年的精神分析，你可以做一百年头脑强暴的事情，什么都不会改变，现状被维持。她是卡住的，她想被卡住。如果她没有通过僵局，她以后的生命都会保持这样。

X：你说的是，你越是多地进入它，然后最终——就像昨晚有人说的——她会厌倦它。那，也许——

F：那就成了命令。我只能告诉你们这么多：通过僵局是可能的。如果我说怎么做，我会"有帮助"，但是没有用。她需要全凭她自己发现。如果她真的清楚"我卡住了"，她可能愿意对此做些事情。至少她离意识到她卡在婚姻里这一点非常近了。她还没有意识到她被自我折磨卡住，卡在她的游戏里。"你应该/你不应该；你应该/你不应该；是的/但是；但是万一这个发生/然后；为什么白马王子不来/但是白马王子不存在。"所有这样的废话，我所说的旋转木马式的卡住的旋涡，真正的旋涡。我认为你们有了一个好的例子。唯一的解决办法就是找到一个拿着魔杖的魔法师。所有这些都不存在。好了。

柯　克

柯克（Kirk）：我没有梦要告诉你。

弗里茨：好，对那个不存在的梦讲话。

K：嗯，你不存在，你只是——我有——当你在周围——然后一旦我醒来你就跑开了。这里的每一个人都获得了这么多对自己的理解，但是你逃开了。你没有给我任何可以工作的信息。

F：换座位。"是的，我跑开了。我是你的梦，我跑开了。"

K：嗯，你醒来后忘记不是我的错。我做了我分内的事，我做了梦。你是忘记的那个人呢。我没有跑开。

所以，又是我的错？

F：这一定是个犹太妈妈的梦。"又是我的错！"（笑声）

K：为你感到羞愧，可怜的我。你懂的。

F：当我打响指的时候你能不假思索地回答我的问题吗？不要思考。你什么时候失去你的梦的？

K：我一醒来就……我曾有一个梦，我说，这是弗里茨想要处理的，然后我醒了，我忘了……

F：没有梦的生活……你的梦发生了什么？

K：我的梦……没有梦的生活是很悲伤的一件事。

F：你的双手在做什么？

K：它们在摩擦指尖。我的手在抖。

F：是的。让我们做一个相遇；那里有些事情在发生。

K：你紧张，而我——像往常一样，我将保护你，让你的——你的行为在这儿停下来，所以你不用做任何你不应该用手做的事情。你对它们的颤抖感到羞愧，你的左手在抖，所以，啊，我合上它们。

F：你能给我说几个"我为……感到羞愧"的句子吗？

K：我为我的体格感到羞愧，我为我不能给人留下印象而感到羞愧。我为我的样子感到羞愧。我为我蠢到被羞辱而感到羞愧。我羞愧于——

F：对柯克说这句话："柯克你应该为——在地球上行走感到羞愧，或者为紧张——"

K：你应该为你所做的感到羞愧。你心知肚明。你知道你有价值，你知道有一些事情你可以做好。

F：继续唠叨，成为一个真正的唠叨。

K：你应该羞愧！这真傻，这真愚蠢。这只是进一步证明，你——你不值得存在。你甚至不接受——勇敢面对那些你知道你能做好的事情。你腐烂了，以至于不能——去感受你做事的方式。

F：现在，你能对我们唠叨吗？告诉我们我们应该羞愧……

K：你们应该羞愧……

F：就扮演个唠叨。

K：羞愧吧！你们坐在这里看着人们，你们为什么在这下面？你们应该知道一切。你们应该可以照顾自己……想想你们自己吧，想想你们得下来照顾自己，与此同时，这个世界上发生了那么多需要处理的事情。我知道你们来这里是为了自己的利益。这是非常虚假的。

　　F：好。让我们玩这个虚假的游戏，再一次回到柯克，说："柯克，你应该为这个、为那个感到羞愧。"然后你扮演柯克，每一次你都要么回敬"去你的"，要么唠叨回去，进行反击。

　　K：柯克，你应该羞愧于……

　　（厌恶地）噢，闭嘴！你总是那样做。闭嘴吧！

　　如果你不做的话，谁会告诉你？得有人一直提醒你保持低调，现在别以为你他妈的这么聪明。

　　啊，他又来了！对我喊叫。一整天，一整天。让我自己清净一会儿吧。

　　我所能做的就是一遍又一遍地说——

　　F：你的双手在做什么？

　　K：它们想要击打。

　　F：啊，是的。爱唠叨的人现在变得强了一点。

　　K：事情就是这样，因为——

　　F：告诉他："我可以打你。"

　　K：我可以打你！但是我真的不能打你，所以我唠叨；我的话语就是击打。这更安全，因为如果你真的打，那么你就会破坏，我没有任何理由……不这样感觉……如果你不在那里唠叨我。因为如果我打了，我会摧毁你。

　　F：现在对你的父母说这句话。这是犹太妈妈吗？你的妈妈唠叨吗？她是一个唠叨的人吗？

　　K：不是。

　　F：谁是唠叨的人，那个指导者，那个推的人？

　　K：上帝。（怨恨地）你的罪恶都是你的错，但你的品质是上帝所赋，所以不要——骄兵必败，所有你在生活里获得的狗屎都会失去。

F：你能告诉上帝你怨恨他什么吗？

K：他是一个他妈的骗子。（笑声）

F：告诉他。

K：（犹豫地）你是——你是——（大笑）……如果你是上帝，你是一个骗子。任何神性在我身上都是虚假的。它比虚假还要糟糕，它是恶毒的。

F：你能说"我是恶毒的"吗？

K：我是恶毒的，我是恶毒的。

F：也对上帝说："你是恶毒的。"

K：你是恶毒的……除非你不是。

F：现在我知道你是什么样的了。你是一个消除器。你放好中央木柱，然后打倒它们。你再放好中央木柱，然后你又打倒它们。"是的（yes）——但是（but）。"理解但是这个词很重要。但是是一个杀手。你说"是的……"，然后出现了一个大的"但是"，杀死整个"是"。你没有给"是"一个机会。现在如果你用并且（and）代替但是，你就给了"是"积极的一面，一个机会。更难理解的是当但是不是口头的，而是蕴含在行为中的时候。你可能说"是的，是的，是的"，你的态度是但是；你的声音或你的姿势消除了你说的。"是的——但是。"所以不存在成长和发展的机会。

K：那么，我如何改变呢？

F：把弗里茨放到椅子上问他。

K：弗里茨，我怎么改变？

当你立起柱子的时候，不要打倒它们。

听起来非常简单……

这也许是简单的，但是很难，你需要练习。

F：看到了吗？"是的——但是。""多么简单，但是"——（笑声）

K：简单，但是很难。

F：是的。你看，甚至弗里茨也是一个消除器，你的弗里茨……

K：是的。我想你告诉我该做什么——

F：这样你就可以把它扔进垃圾桶。

K：我可以做……我只是停止那样做……停止哄骗我自己。

F：你又在唠叨吗？

K：是的。"我应该感到羞愧。"是的，它是我的方式……

F：你为什么反对你自己？……你能帮我个忙吗，你能接受你身上一切坏的东西吗，就像颤抖等？你继续你的紧张并且发现它很有趣。对你的颤抖说"是的"，离开"但是"。我知道现在它是一个噱头，但是让我们试试这个噱头："我在颤抖，我很享受。"

K：你让我放松，我不能……

F：啊！你停止推的那一刻你就放松了，因为这样做了你就不需要怀恨在心。唠叨创造了一个反作用力。这是自我折磨游戏的基础——试图成为一些你不是的东西。好的。

梅　格

梅格（Meg）：在我的梦中，我坐在一个舞台上，还有其他人和我一起，是一个男人，也可能是另一个人，并且——啊，一些响尾蛇。现在，一条蛇上了舞台，蜷缩着，我很害怕。他的头抬着，但是他看起来不像是会袭击我。他只是坐在那里，我很害怕，另一个人对我说，啊，只要——只要不打扰蛇，他就不会打扰你。另外一条蛇，另外一条蛇在下面，下面还有一条狗。

弗里茨：那是什么？

M：一只狗，以及另外一条蛇。

F：所以，那上面有一只响尾蛇，下面是另外一条响尾蛇和狗。

M：那只狗好像在嗅响尾蛇。他——啊，离响尾蛇近了，好像在和他玩耍，我要阻止他那样做。

F：告诉他。

M：狗，停！/F：大声点。/

　　停！/F：大声点。/

　　（大喊）停！/F：大声点。/

　　（尖叫）停！

F：狗停下了吗？

M：他在看着我。现在他回到了蛇那里。现在——现在蛇像是把狗缠绕起来了，狗躺下了，蛇缠绕着狗，狗看起来很开心。

F：啊！现在让狗和响尾蛇之间相遇。

M：你想让我扮演它们？

F：当然，两个都要。这是你的梦，每一部分都是你自己的一部分。

M：我是这只狗。（犹豫地）呼。你好，响尾蛇。你包裹着我的时候感觉很好。

F：看着观众，对其中一些观众说这句话。

M：（温和地笑）你好，蛇。有你包裹着我感觉很好。

F：闭上你的眼睛，进入你的身体，你的身体体验到什么？

M：我在颤抖、紧绷。

F：让它发展，允许自己颤抖，体会你的感受……（她的整个身体移动了一点）对，任其发生，你能把它跳出来吗？起来，跳出来。让你的眼睛睁开，和你的身体待在一起，与你的身体想表达的待在一起……对……（她颤抖着抽动地走着，几乎是摇晃着）现在舞出响尾蛇……（她慢慢地移动，优雅地蜿蜒）……现在做响尾蛇感觉怎么样？

M：它——有点——慢——很——很警觉任何靠得太近的东西。

F：嗯？

M：很警觉不让任何东西靠得太近，准备好攻击。

F：对我们说这话："如果你靠得太近，我……"

M：如果你靠得太近，我会回击！

F：我没有听见，我还不相信你。

M：如果你靠得太近，我会回击！

F：对这里的每个人说这句话。

M：如果你靠得太近，我会回击！

F：用你的整个身体说这句话。

M：如果你靠得太近，我会回击！

F：你的双腿怎么样了？我感觉你有些摇晃。

M：是的。

F：你没有真的采取一个立场。

M：是的。我感觉我……有点——在中间很强大，以及——如果我放开，它们将变成橡皮筋。

F：好的，让它们变成橡皮筋。（她的膝盖弯曲并摇晃）再来……现在试试它们有多强。试一试，跺地板，什么都行。（她用一只脚跺了几次地板）是的，现在另外一只。（跺另一只脚）现在让它们再变成橡皮筋。（她让膝盖再次弯曲）现在更困难了，是吗？

M：是的。

F：现在再说那个句子，"如果你靠得太近"……（她尝试了一次）……（笑声）……

M：如果——如果你……

F：好的，交换，说"靠近"。（笑声）

M：靠近。

F：你现在感觉如何？

M：温暖。

F：你感觉更真实一点了吗？

M：是的。

F：好的……所以我们所做的是去除一些接触的恐惧。所以，从现在开始，她有了更多的接触。

你们看我们可以使用梦里的一切。如果你在梦里被一个食人魔追赶，你就成为那个食人魔，噩梦就消失了。你重新拥有了投入恶魔身上的能量。然后食人魔的力量不再是外部的，而是在你可以利用的内部。

查 克

查克（Chuck）：（笃定、自信的语气）你能再说说关于食人魔的事情吗？我没有完全理解。外部的食人魔和内部的食人魔。

弗里茨：你做过噩梦吗？

C：做过……（笑声）……（他过来工作）那个噩梦不是经常发生，但是它发生了两三次，有一次我的回忆很生动，当时我从家里开车下山——

F：你记得我们的协议吗？

C：是的，抱歉。我们在当下。抱歉。好的，来吧。我正开着我的车从小山上下来，在去工作的路上，我的小儿子跑到了汽车前面，我撞到了他，这非常恐怖。这个梦发生过两三次。

F：现在扮演那辆汽车。

C：好的。在这里还是我要在哪里？

F：只是扮演汽车——就像你是这辆汽车。

C：我在开车——给汽车它所没有的自己的生命？

F：是的。

C：我有生命。汽车做我让它做的。

F：对汽车说这句话。

C：汽车，你做我让你做的。当我转动方向盘，你——当我转动方向盘，你就转动，当你——当你不偏不倚地握着方向盘的时候，你就直着走。

F：汽车怎么回答？

C：汽车回答："是，先生。"（笑声）它还能怎么回答呢？我开它，它又不能开我。

F：对汽车说这句话。

C：汽车，我开你，你不能开我。

F：现在扮演那个男孩，从男孩的角度做这个梦。

C：好的。爸爸的车顺着路开下来了，我爱爸爸，我想要跑出去，并且——啊，和爸爸打招呼，突然之间汽车——突然这个汽车撞了我。为什么？

F：（挖苦地）有意思的男孩子。汽车撞到他的一刻，他问："为什么？"（笑声）

C：喔，我——理解你，我是在事后推测那个男孩。我不知道他在想什么，这只是——只是我后来想到的他在想什么。

F：好，再扮演那个男孩。

C：好，好吧。爸爸开着车来了，我爱他，我想要对他说话，他会撞到我！他恨我！

F：以及？

C：我要往下做这个梦吗，当他撞我的时候？因为这没有发生，这没有发生。我没有撞到他。我在我撞到他之前醒了。

F：那么，你在哪一刻中断了梦？

C：在前轮离他大约六英尺远的时候。

F：所以你在回避什么？

C：我在避免杀死那个男孩。

F：嗯。现在杀死那个男孩。

C：好，好吧。我开着车，开下小山，当我看到那个孩子过来的时候，我没打算停车。

F：然后？

C：我们撞到了他。

F：然后？

C：他死了。

F：闭上眼睛。看着他，他死了……现在对他说话。

C：（哭）我不是有意这样做的，我不是有意的，我控制不住。

F：继续对他说。

C：没有更多要说的了……除了对不起。

F：告诉他所有你感到对不起的事。

C：对不起我一直把你推开，当我做一些——我认为对我非常非常重要的事情时我把你推开，真正重要的不是我做的事情，而是那个事实——你想要和爸爸一起。

F：现在扮演他。

C：好。啊……啊……

F：回到他想要对你讲话的时候。

C：好。爸爸，我——我是那个男孩。爸爸，为什么是这样和这样——爸爸，那种会旋转的老鼠是什么？类似这样的事情。

F：好。现在……

C：爸爸，我想和你说话。如果你和我说话并注意到我在这里的话，我会问你任何东西。这就是——这就是那个男孩。

F：好。现在，交换。像这样对你的爸爸讲话。

C：好吧。看在基督的分儿上，为什么我在这里的时候，你一整晚都在写布道词？

F：现在继续对话，让他回应。

C：儿子，你知道我明天有任务。你知道每个周六下午都是布道日。所以请你离开，不要打扰我，因为我需要把事情搞定……我在投射——我在投射我自己的想法，因为我不记得准确的词，但就是一些与此类似的。

F：现在，继续。坚持要求他和你说话。

C：爸爸，请你和我说说话或让我们去——带我去看电影或其他的。什么都可以。我想要和你说说什么对我是重要的，可你不听。你不听！（愤怒地大喊）你太他妈忙了，没有时间听！我在这里。

F：让他听。

C：（大声喊）看在基督的分儿上，听一听，你这个狗娘养的。那会教会你，我也在这里。

F：好。现在回到你儿子。

C：我是谁？我是他还是——

F：你是你自己，他正坐在那里，现在对他讲话。

C：我所做的根本不是什么大事，我们去海滩吧。

F：你一直在看着我，你想从我这里得到什么？

C：我想让你帮我完成几个情境。

F：把弗里茨放到椅子上。

C：好的。

F："弗里茨，我想让你帮助我。"

C：弗里茨，我有一些没有完成的情境，好几年了都没完成，我想要一些帮助。

F：交换座位，扮演弗里茨。

C：你想要从我这里获得帮助？查克，你看，这是你需要做的事。如果你知道——如果你知道什么是——如果你知道什么是未完成情境，你也知道你需要做什么去完成它，那么是什么在阻碍你？你——所有你在——所有你在做的就是——啊，和你自己玩游戏。所有你——所有你想要做的是置身事外，让我为你做。呃，我不会做；你要做。

F：是的。你看到你如此想要我的支持。

C：是的，我当然想。

F：现在空椅子里的这个弗里茨会给你所有你需要的支持。现在换座位。

C：好吧。这个弗里茨是——那儿有一个弗里茨，现在，我是我。

F：是的。

C：好吧……弗里茨，看在基督的分儿上帮帮我，好吗？我不会从你那儿获得任何反馈。（笑声）因为我已经知道反馈是什么了，我只是把它……

F：你不能把我拖进来。（笑声）你可以和我扮演无助直到世界末日。让人受挫我可是一把好手。

C：好吧。嗯……弗里茨，这个弗里茨，不会真的帮助我。

F：噢，他会的。

C：不，他不会。他告诉我他不会。这个弗里茨刚告诉我去拉我自己的红色马车。所以那是我得做的——拉起我自己的红色马车。

F：你愿意听他的吗？

C：我当然会听他的。

F：好的，试试看。

C：我是他？……他还没有说任何东西。除了他已经说的，这我们都知道。

F：你感到你卡住了吗？

C：现在我被卡得很紧。

F：现在描述被卡住的体验。

C：你可以走——这非常简单，你既不能前进也不能退后。你在那里，你卡住了，你不能动。你——啊，我感觉——在——在你卡住的情境里，无论你做什么都是错的。无论你做什么都是——是——如果——如果它让你动起来，它会让你往深处移动，不会——不会再出来。所以最好——最好就卡在这里，保持一动不动……所以你仍然让我卡在那里。卡住，你卡住了，我卡住了。所以，你不会把我拉开，是吗？

F：当然不会。（笑声）我是一个让人受挫的人。我当然不是一个高山救援者。

C：好吧。我们卡在哪里？

F：问他。

C：好吧，他现在很不爱说话。他不会告诉我太多。呃，好吧，我会成为他。你仍然需要把自己拉出来。你仍然需要为你自己决定你要做什么，以及什么是——什么是有意义的，什么不是有意义的。只有你知道，所以你为什么不起来去做？

现在再做我。弗里茨，你——当然我知道我必须做什么，但是——如果我——如果我对此做任何事，无论如何都会有人受伤。

F：啊哈。所以你已经获得第一个信息了，有人会受伤。

C：因为像是这样：如果我放弃我——对我有意义和重要的……啊，好吧，让我们这样说：我有一个学期论文期限，今天是星期日下午，期限在周一上午，我还没有完成。如果我没有——如果我放下这个，带你去沙滩，或做其他的，不做学期论文的话，我会受伤，而我也有权利不被伤害。如果我——如果我不做学期论文并带他去——或如果我做学期论文，不带他去沙滩的话，他会受伤。所以我做任何事情都是错的。我做任何事情，都有人从中得到痛苦，无论是我还是他，有时候我自己承受痛苦，有时候我把痛苦给他，但是我们没有人——没有人很满意。那么接下来会发生什么？我要做什么，把它们扔在一边？我要做什么，放弃对我重要的，这样你们都不会再感到伤痛？我不能再做弗里茨了。

F：现在，我觉得我自己是哭墙。

C：嗯？……好的，我会买账。我仍然在环境中寻找支持——就像疯子。

F：是的。

C：为什么它不是就在那儿的？我为什么需要全都自己做？为什么我得不到帮助？

F：那哈咿咿呀呀。用无意义音节来说。

C：（这样做了）是的，这就是我做的。好的，我会买账的。

F：继续，继续。

C：好的。（继续发出同样的无意义的声音，加入更多的哭声，就像一个小孩子一样，然后用同样的声音说话）没有人爱我，没有人帮助我。那哈咿咿呀呀。

F：你在这个角色里多大？

C：大约三岁。

F：三岁。现在是时候撞那个孩子了。

C：是的！

F：现在对那个孩子讲话，对那个三岁的孩子，那个咿咿呀呀的孩子。

C：呀，去别处兜售你的土豆吧。我很忙。拉你自己的婚车——红色马车，去吧，和你的朋友去玩。我还有事情要做。如果你受伤了，对不起。对不起，但是我也很重要。

F：再说一遍。

C：对不起——但是我也很重要，你不要忘了。

F：再说一遍这句话："我也很重要。"

C：我也很重要，老天，从现在起记住它。

F：对观众说这句话。

C：我也很重要，老天，我——记得，你们所有人，从现在开始。你们很多人！

F：对更多人说——你的妻子、你的爸爸等。对你的整个环境说这句话！

C：记住一件事，好好地挖掘它，好好地包裹它、抱紧它，因为这是它应该有的样子。我也很重要！就像你一样——不多也不少，一样有价值，记住它！现在，兜售那个东西。抓住苹果，看看你感觉如何。我也很重要，老天，记住！

F：也对我说这句话。

C：我也很重要！我和这个屋里的任何人一样重要，你们不要忘了……（就像在征求同意）可以吗？（笑声）我可以完成我自己的场景。我能再说一遍那句话吗？（笑声）因为我想要记得它。我可以完成我自己的情境。

F：是的。现在，我已经和你一起走了相当长一段路，不过我不相信你的定制规则——你要么完成学期论文，要么和那个男孩出去。我认为这是个谎言。

C：好的……这当然是个谎言。因为事实上，在那种情况下——我从中得出这个结论，这正是发生过的。我的确和他去了沙滩，而且——让我们坦然面对——总之在凌晨四点，学期论文也写了。如果不是这样，那就不好了。所以它——它不是非此即彼，它两者都是，没有理由它为什么不应该一直这样。

F：正是如此……嗯，我从梦中看到的存在性信息是"你不需要等到你撞上你的男孩子才和他接触"。你不需要复制你的爸爸。

比 尔

比尔（Bill）：我体内有个火山一直爆发——

弗里茨：好。我尝试增强空椅子游戏，因为这是你很容易和自己在家里做的事情。其实，有人提议做一个小弗里茨娃娃并且——（很多笑声）那么做一个火山，对它讲话。

B：你只是坐在里面。你只是坐在那里，大多数时候我甚至不知道你在那里——我只是继续享受生活，你偶尔爆发一次，我会颤抖，有些失控，并且我也不太理解。

F：成为火山。

B：好吧。我在等待，我可能随时爆发，你最好小心。

F：对我说这句话。

B：我可能随时爆发，你最好小心。

F：哈？

B：（大声地）我可能随时爆发，你最好小心。

F：我还没有听见。

B：（大声地）我可能随时爆发，你最好小心。

F：好的，我准备好了。

B：呼啦啦啦！（笑声）

F：现在感觉如何？

B：（轻轻地）颤抖。

F：闭上你的眼睛，进入你的颤抖——进入你的身体。

B：这感觉没有那么坏，我不知道它为什么颤抖，我不知道我为什么颤抖。

F：你能允许颤抖发展吗？我可以给你诊断——你受苦于过度控制。所以放松对自己的控制，颤抖一点……

B：（在一阵长时间的停顿之后）然后它停止了。

F：好，回去对火山说话。

B：嗯，你有一声巨响，但是我猜你的吠叫没有那么糟。如果我就让你爆发——不再试图禁锢你——

F：你能制造一个幻想吗——如果你是一座火山，你会完全爆发，会发生什么？

B：四分五裂——所有的部分会飞向四面八方。炽热的碎片将落下来摧毁周遭的一切，什么都不剩。

F：你会摧毁一切。那么你能告诉我们如果你是火山的话，你会怎么对我们？

B：我会爆炸，把整个地方炸开。

F：听听你的声音。

B：我的声音完全是死的。

F：是的，谁会相信你？

B：没有人。（笑声）火山不会伤到别人，它把我炸掉，根本没有其他人受影响。他们站在那里看着我被炸，好奇这是为什么。

F：你能对我们说这句话吗？

B：如果我在你们面前爆炸，你们只是坐在那里看着我爆炸并说："他是什么鬼——什么和他在一起？他没伤到我一点。他发出好多大的响声，声嘶力竭地喊。"

F：现在你能再扮演一遍吗？

B：扮演什么？

F：那座火山！让我们看着你，给我们展示一下。

B：一座火山。

F：是的。

B：**砰砰砰！**

F：继续。

B：**嗷吼吼！** 什么都不对头。

F：听听你现在的声音——它是虚弱、温和的声音。你看到你作为一个虚弱的人和作为火山之间的分裂了吗？没有中间的东西。继续扮演火山。

B：我知道这没用。我不能，不能——我肯定会扮演它，在这个舞台上，我将玩一个游戏，或者——它没有意义。

F：现在再听听你的声音，扮演你的声音。

B：我的声音说："我用一种好听、有控制的语调讲话，不说任何会伤害人的话——把所有的情绪都排除在外。"

F：现在成为火山的声音。火山会说什么？

B：（低声咆哮）**你下地狱吧！**

F：再成为你另外一个声音。

B：没有真实的情感。我为什么要期待呢？我什么都没感觉到，真的。我不生你的气，你没有对我做任何事。

F：再像火山一样说话。

B：（吼叫）**你有什么毛病！**（正常的声音）为什么我对你没有任何感觉？我想要真正的接触，我感觉不到它。

F：我想让你和你火山的声音及另外一个声音进行讨论。

B：火山的声音，你是一个大的空响。你惊吓人们，但是你无法说服他们。

你觉得你做了什么？（笑声）你甚至连惊吓也做不到，是吧？做点什么，亮出一些真家伙。

啊，我和你一样真实，但我猜那也不是我想要成为的——既不是你也不是我。我想要成为一个有说服力的声音——它说话算话，听起来就说话算话。

F：啊哈。现在我们已经学到了一些——你没有自信的中心。你分成了一个谦恭、温和的声音和一个空的、欺凌的声音，但是缺乏中心；自信缺失了。所以，让它们继续，那个谦恭、温和的声音和那个欺凌的——咆哮的声音。

B：不同于用那么大、那么响的声音叫喊，也许如果你只是表达你的确切感受——如果你深信某事，说出来。也许你只是害怕使用你真实的自我，或者暴露你真实的自我。你不得不暴露你又大又吵闹的声音，否则你不得不取悦……

但是我现在感觉害怕。我想要只是去感觉——你知道，就是表达我感觉到的。也许我是这样的，我感觉紧张。

F：闭上你的眼睛进入你的紧张。撤回，退回到你的紧张。没有火山里那种巨大的兴奋，但是紧张里有一些兴奋。你是怎么感觉到你的紧张的？你能在哪里感觉到震动吗？

B：我感觉到震动，并且我感觉到——手指发麻。我几乎感觉到遥远的泪水可以流出来，很遥远。

F：你的生殖器有什么感觉，尤其是你的睾丸？

B：有点难以描述……我觉得这感觉像是一个小小男孩，就像我有时候从浴缸里出来的感觉一样。

F：你的眼睛、你的眼球有什么感觉？

B：我对眼球没有太多感觉，我感觉更多的是眼球周围的收缩。

F：嗯。你能再多收缩一点吗——或者想象你多收缩一点？你的手有什么感觉？

B：它们在握紧。

F：你的睾丸有什么感觉？

B：没有什么。

F：它们还在吗？

B：是的。

F：没有收缩？

B：没有……

F：现在你有什么体验？

B：我眼睛里的泪水。我感觉我的手在抓紧。

F：你能告诉观众"我不会哭"吗？

B：我不会哭。/F：再来。/

　　我不会哭。/F：再来。/

　　我不会哭。我不会哭。

F：你为什么反对哭？

B：我没有真正的反对理由。我担心如果我哭了，人们会怎么看我。

F：好，再次换座位，扮演"人们"。

B：如果你哭，我们一点都不会看轻你。这完全没有任何不对。如果你想哭，那么就哭吧。

　　理论上，我都知道，但是我身上有什么一直在抑制我，有时候是有意识的，有时候是无意识的。

F：再闭上你的眼睛。告诉我们确切的细节，你是怎么抑制你的眼泪的，你用的哪部分肌肉，等等。

B：我现在没有感觉。我可以回忆起我抑制它们，收紧我的喉咙，咬紧牙关。

F：你能现在做吗？（咕哝着）"我不会哭。"

B：我不会哭。

F：是的，咬紧牙关，抑制它。

B：我不会哭，我不会哭。

F：什么情境？什么场合？

B：当我不哭的时候？/F：是的。/我在一个葬礼上。（声音颤抖）我在一个葬礼上。/F：谁的？/一个死去的老人，一个我很喜欢的人。

F：回到他的墓地，对他说再见。

B：（非常轻柔的声音）再见。

F：他叫什么名字？

B：库尔特。

F：说"再见，库尔特"。

B：再见，库尔特。我真的很想念你。（几乎哭了）我本可以更多地表达我有多喜欢你，当还有时间的时候。

F：让他回话，给他一个声音。

B：我知道你喜欢我。我孤独的时候能多看你一眼该多好。我享受我们在一起的时间。一个人生活很难。被所有抛下……你不需要感到抱歉。这也没有任何错。

F：多告诉他一点你欣赏他什么。

B：他是如此温柔。

F：对他说这句话。

B：你是如此温柔，是我认识的最温柔的人，对任何人都没有敌意，难以置信。

F：没有火山吗？

B：没有，没有火山。

F：你能看见他吗？你能看见你的朋友吗？去触碰他，再说再见。

B：再见。（开始哭）……（哭）再见。说再见很难，说再见很难……（啜泣）……

F：回到我们这里。你现在怎么看我们？

B：我没有……

F：我感觉到你的再见没有结束。你还需要做更多的哀悼。再次拔出你的根，自由地去交新朋友。

这是其中一个最重要的未完成情境：你还没有为你所丧失的心爱之人充分哭泣。弗洛伊德已经对哀悼力进行了卓越的研究，在欧洲，从一个死去的人身上拔出所有根，再次投入活人身上，通常要花一年的时间。

埃　莉

埃莉（Ellie）：我的名字是埃莉……呃，我现在感到胸部很紧张，我想要放松。

弗里茨：这是个计划。

E：什么？

F：这是个计划，当你说，"我想要放松"的时候。

E：我现在在尝试。

F："我在尝试"，这也是一个计划。你混淆了你想要成为的和你是什么。

E：现在我正在……正在移动我的胳膊，为了放松下来。我想要谈论我的……

F：让我告诉你，埃莉。这个工作的基础是此时，你一直在未来。"我想要处理这个事情""我想要尝试这个",等等。如果你可以做到的话,用"此时"这个词开始每一句话。

E:此时我对你说,皮尔斯博士,我不舒服。此时,我感到我的胸部起起伏伏。我感觉到深呼吸。我此时感觉好一点了。

F:你看,和尝试逃到未来不同,你和此时的自己接触。所以,你当然感觉好一点……你的手在做什么?

E:让我安心。它们在接触,我感受它们,触碰我自己。我感觉它们让我保持一体。

F:对它们讲话:"双手,你们让我安心。"

E:双手,你们让我安心。双手,你们是一些我知道的东西。移动我的手指感觉很好。

F:嗯,我的注意力更多地和观众在一起。(对观众)我感觉到一种不安,你们能谈谈吗?

X:我们听得不是很清楚。

F:所以,你们宁愿和听不清楚的不舒服感坐在一起——费劲,也不愿表达自己。胆小鬼。

X:你能转过来,让我们听到你吗?

F:你能大声说出来吗?

E:我会的——你们现在能听到吗?/X:是的。/好吧。(清喉咙)呃哼。

F:(嘲笑,像一个歌手一样练腔)咪,咪,咪,咪,咪……

E:我宁愿你们听不见的时候告诉我,而不是躁动不安。但是我不想一直有意识地想你们——我想要问你们——

F:你的左手在做什么?

E:我的左手?……在指引。

F:你觉察到你在这样做吗?

E：我没有。我现在觉察到了。我想要……

F：又一个计划。

E：一个计划。

F：（唐突地）谢谢你。我不能和你工作，我让你和此时待在一起。

E：我此时感觉不足……我此时感觉我想要一些东西。我此时感觉害怕，害怕我不能得到它。我感觉——

F：你看，你又在未来了。"我想要一些东西，我不能得到它。"你为什么反对活在此地、此时？是什么让你总是跳到未来？

E：有这么多我想要的，我害怕——我不能得到它。

F：换句话说，你很贪婪。

E：是的。

F：对观众讲这句话："我想要，我想要，我想要。"

E：我想要，我想要，我贪婪、自私，我贪得无厌。我想要我想要的，就在此时。得不到感觉不好……此时我感觉不够好。

F：我不理解这个词。

E：我此时感觉我哑了。

F：也许你就是哑巴……还是你在扮演哑巴？哑的感觉怎么样？

E：我不知道做什么。我想要做一些什么，但是我不知道怎么去做。

F：那么扮演无助。

E：请帮助我，皮尔斯博士。/F：（就像他听不到一样）啥？/

请帮助我，皮尔斯博士/F：啥？/

请帮助我，皮尔斯博士！

F：噢，我没有带任何支票簿。（笑声）

E：这不是我想要从你那儿获得的东西。

F：噢！你甚至没说你想要什么——你想要什么帮助。

E：我想要有人帮助我获得做女人的轻松感。我想要更多地享受和我丈夫的性。

F：啊！当你做爱的时候，你是否处于此时？/E：没有。/当你做爱的时候你在哪里？你有计划吗，达到高潮或类似的什么？

E：是的，我有。

F：你想达到高潮。所以，你又有了一个计划。

E：是的，这就是我的问题。

F：你的问题是你计划，你进行规划。你不是在做爱，而是在做计划。如果你待在此时，你就能享受它。好了。

我们都关心改变的想法，大多数人通过做计划的方式来靠近它。他们想要改变。"我应该像这样"，如此等等。发生的真实情况是刻意改变永远、永远、永远不会起作用。一旦你说"我想要改变"，做一个计划——一个对抗你改变的力量就被制造了出来。改变是自己发生的。如果你深入你是什么，如果你接受那里存在的，那么改变会自动发生。这是改变的悖论。也许我可以用一个很好的老谚语来强调，谚语说"通向地狱的路是由好意铺成的"。一旦你做一个决定，一旦你想改变，你就打开了通向地狱的路，因为你不能实现它，所以你就感觉糟糕，你折磨自己，然后你开始玩著名的自我折磨游戏，这在我们时代的大多数人身上如此流行。

只要你与一个症状斗争，它就会变得更坏。如果你为你对自己做的事情负责任——你如何制造你的症状，如何制造你的疾病，如何制造你的存在——那么你与你自己接触的那一刻，成长就开始了，整合开始了。

丹

丹（Dan）：我有一个受心理影响的鼻子，我——

弗里茨：对你受心理影响的鼻子说话。

D：我——哦，好吧……我总觉得有一些脱离过去的东西，这里，我不明白，我处理过它，我可以部分地控制它——

F：你的右手在做什么？

D：什么？

F：我说了什么？

D：我将做什么——

F：啊哈。我们之前有一个短暂的相遇，丹展示了他不愿意听。

D：我没有听到最后几个词。我该继续吗？……我厌倦了控制它，某种程度上我可以，暂时地，然后这里，最后——

F：你听到我刚才说的关于控制的话吗？

D：我听到你说我没有听。

F：你听到我刚才说过的关于控制和改变的话了吗？

D：没有，先生。

F：你能倒回来五分钟左右吗？

D：朝向外面，之前。我问了你一个问题，你，呃……

F：你听到我说五分钟了吗？……你注意到无论我说什么，你都曲解，你不听，换句话说你一点不开放。

D：我会试着开放。

F："我会试着开放。"另外一个承诺。我不知道如何和你交流。

D：我有一种感觉，你认为我是有毒的人格，但是如果你不试试，你还能做什么？

F：如果你倾听，如果你有耳朵的话，会怎么样？你能制造一个幻想吗？倾听的危险是什么？……

D：嗯，如果我不听，但那个人没有觉察到是否有人在听，那在听上应该没有危险，应该没有威胁。我没有看到威胁……

F：倾听的危险是什么？

D：倾听的唯一危险就是听到一些你不想听的。

F：啊！你能说这个句子吗？"我只能听到我喜欢听的。"你能跟着我重复这个句子吗？

D：啊，你说，"我只能听到我想听的"。

F：我那样说了吗？

X：没有……

F：这就是你在你的生活中做的吗，总是歪曲你从外界获得的信息？

D：不总是这样，但也许有时候是。

F：现在，仔细听。"我只能听到我喜欢听的。"

D：我只能听到我喜欢听的。

F：现在，对观众说这句话。

D：我只能听到我喜欢听的。/F：再来。/

　　我只能听到我喜欢听的。

F：大声地说，对某个具体的人说。

D：我只能听到我喜欢听的，我只能听到我喜欢听的。

F：对你的妻子说。

D：我只能听到我喜欢听的。

F：那么扮演她，她会怎么回答？

D：有时她会说"好的，先生"，其他时候她会说"你说得对！"

F：好。现在扮演一个只说你喜欢听的话的妻子……

D：喔，啊——

F：你想听什么？

D：我想听开心的东西。

F：比如？

D：喔，啊……我已经做了你让我做的这个，我已经做了关于孩子的这个或那个，我认为那可能会让你开心，或——

F：所以你期待人们倾听你，我说得对吗？

D：嗯，我期待我应该倾听别人，别人也应该倾听我。尽管从你说的来看，我不确定我做到了。

F：这是一个绝佳的噱头。如果你期待人们倾听你，但是你不倾听人们对你说的，那么你总是在控制。

D：我可能总是在控制，但是你不会很开心。

F：正是这样，你得到了你要的症状。好了。

迪 克

迪克（Dick）：（快速地）我有一个反复发生的噩梦。我睡着了，我听到有人尖叫，我醒了，警察在打某个孩子。我想起来帮助他，但是有人站在床头，以及床尾，他们来回扔枕头，越来越快，我不能动我的头。我起不来。我尖叫着醒来，满身大汗。

弗里茨：你能把它表演出来吗？再讲一遍你的梦，但是使用你的身体和你的声音。

D：我在睡觉，突然我听到有人在尖叫。

F：等一等，再说一遍"我在睡觉"。

D：我在睡觉。

F：你相信吗？

D：不。

F：那么表演出来。

D：我睡着了，突然我听到有人尖叫，我醒了，我看到一些警察在打一个孩子，我想要起来去帮助他，有人站在我的床头和床尾，他们在来回扔一个枕头，（快速地说话）越来越快，越来越快，我不能动。我想抬起头，我做不到，他们扔得越来越快，我尖叫着醒了。

F：你能再用你的头这样做吗？

D：（快速地）他们只是在来回扔枕头，太快了，我不能移动我的头。越来越快，越来越快，我就是不能动我的头——

F：你能做那个警察，像这样打这个孩子吗，越来越快？

D：（快速地滔滔不绝）好吧，孩子，现在我们抓住你了，你将进监狱。不要再有那些狗屁了。你会进入那该死的少年犯教管所。你认为你会带着很多东西逃之夭夭，但是你无法带着任何东西逃走。你将不得不服刑，做一个好公民，不要这么捣蛋。

F：你在那个角色里感觉怎么样？

D：我不喜欢。

F：你不喜欢？

D：不。

F：好，对那个人讲话，对那边的警察。

D：（乞求）那个孩子偷东西不是因为他想要什么，他只是没处可去，无事可做。他只是陷入了陷阱，他只偷了几件东西，你不应该打他。如果你认为他应该被管教一段时间，如果他需要偿还某种债的话，可以。但是你不必打他；你不必因此惩罚他。你可以对他温和；你可以给他一些安慰，向他显露一些同情。你可以理解他经历了什么样的地狱。

F：再做警察，回话。

D：是的，但是他在抢劫他人，他们需要得到尊重。他应该理解他们感觉有多糟。他们工作赚钱。如果他想要一些东西，他应该出去，尝试受教育，找一份工作，努力干活，用正确的方式赚钱。如果他伤害其他人，也得轮到他受伤。

F：把孩子带进来。你是警察，孩子也在那个场景里。

D：（扮演孩子）我只是想要去——去寻找归属。我只是想要成为帮派的一员，我不想伤害任何人，我不想拿任何人的钱，我不想偷，我只是想要成为人们的一部分，我想要属于大伙，我只想要被他们接纳。就那样。我无意造成任何伤害。我本来可以把钱还回去，我不需要那些钱。我没有用它们干什么，只是鬼混，荒废在该死的东西上，扔了，赌博。我没留它们很久。我不想伤害任何人。

F：那么警察说什么？

D：我不关心你想做什么，而是你已经做了什么。这个人没做任何伤害你的事，只是因为你想要成为帮派的一员，你就得抢劫他。那么，还有其他的帮派和其他人，他们不会都做那些事。如果你想要归属——那么，如果你不想被伤害的话，就归属于对的人。

但这就是我生活的地方。这就是生活的样子，在这里。我们没有其他的团体可去，我们没有任何俱乐部。每个人都偷东西，如果他们不偷的话，他们就不属于其中。如果你想要有归属，想成为其中一部分，你必须入乡随俗。就是这样。这并不是因为你讨厌你抢劫的人。

我不关心你怎么感觉。你做的才算数。如果你做了错事，你应该因此被惩罚。

F：现在对团体说这句话。

D：如果你做了错事，你应该因此被惩罚。

F：继续这样对我们讲话。

D：如果你想要被尊重，如果你想要被友善地对待，你必须愿意遵守法律，你必须愿意和人相处。如果你想做一个自由人并想要获得别人的一点尊重的话，那么你就需要给他们你想要从他们身上获得的同等尊重。如果你不这么做的话，你只能获得你应有的惩罚。

F：现在扮演团体……

D：我们知道贫民窟的日子不好过；出来很难，很难弄清楚你应该做什么正确的事。很难违背每个人似乎都认为是对的做法。在这样的环境中很难成为大人物，除非你做这些事情。

F：啊！我们在此处获得了一个新的主题。大人物——你想要成为一个大人物。告诉警察这句话。

D：我想要成为一个大人物。我想要成为其他人尊重的人。我想要成为和其他人一样强悍的人。我可以接受任何你给我的东西；你不会让我做任何事情，你不会让我说话。我想成为这里的大人物。

F：再换座位。

D：如果成为一个大人物意味着跑出来偷盗，从其他人那里夺东西，违背法律的话，那么大人物会得到惩罚。

F：你在警察的角色里感觉如何？

D：我和他有同感。

F：你现在做警察更舒服了，/D：是的。/好的，继续。

D：我们不关心你是大还是小，是瘦还是胖，黑或者白。你可以成为任何你想要成为的，但是如果你违反了法律，我们的任务就是阻止你。我们用我们所知最有效的方式阻止你，就这样。有时候它需要一点武力，就是这样……

F：现在闭上你的眼睛，觉察你自己。你体验到什么？

D：我的膝盖和小腿感到虚弱，跳动在——在我的左眼上方，无法做我想做的事。

F：现在，你能对这个男孩说这句话吗？

D：我的腿感到虚弱，我感到我的头在跳动，我不觉得我有能力做我想要做的，我感觉不自由，我感觉你在压制我，你不让我去我想要去的地方，成为我想要成为的。

F：现在再回到男孩的位置，对警察回话。

D：我将离开这里，我将做我想要做的事情。但是我需要一些帮助。我只是不能自己做到。我所想要的就是有人理解。这很困难。

F：你看，他联通、触及自己的那一刻，你注意到原本的强悍变得多么虚假。而这个男孩，他也没那么可憎，没那么有攻击性。他们靠得近了一点。好的，再成为警察。

D：听着，孩子，如果你真的想离开这片街区，我们可以做很多事情帮助你，所有愿意帮助你的咨询师和社工。我们有老大哥组织；我们的缓刑办公室有各种程序帮助你。你会在监狱待一段时间；他们会告诉你如何在那里过活并离开。

F：现在再扇他、打他。

D：（愤怒地大喊，滔滔不绝）你不知道你在说什么鬼东西，老天！他们在监狱里做什么？他们不会给你任何该死的帮助。社工，才怪！他们所做的就是给你很多见鬼的赞美，让你改变，告诉你你应该怎么过你的生活而不是帮助你！

F：噢！现在愤怒在男孩的一边。你是那个男孩，你不是警察。

D：（轻轻地）是的。

F：啊哈。现在警察会对这个愤怒的男孩说什么？现在角色已经转变。

D：（强悍）听着，孩子。除非你改正，除非你明白你在做什么，否则没有人会帮助你。如果每次他们尝试帮助你的时候，你都认为他们只是在整你，你就不会得到任何帮助。如果你想要离开这团乱麻，你最好改正并清楚你的朋友是什么鬼东西。这些你当成朋友的人渣，是狗屎。他们会因为一枚硬币就往你身上捅刀子。

F：好，换角色。

D：是的，但是他们接纳我，他们了解我，除了我能给的，他们不向我索要任何额外的东西。（愤怒地）你们所有其他人，你们总是要求你们得不到或者我不能给的东西。你想要事情以你定义的该死的方式发展，而不是以我所以为的方式。

F：你现在体验到什么？

D：暴力。

F：暴力不再被投射了，你感觉它是你自己的。

D：是的……

213

F：那么再闭上你的眼睛。现在和你的暴力接触，你如何体验暴力？

D：（上气不接下气地）我要破——破坏东西。我要——我要打破过去。我想要摆脱所有那些阻碍我做事情的东西。我想要自由。我只想要抨击他们。

F：那么对过去讲话："过去，我想要摆脱你。"

D：过去，你不能阻止我。很多孩子都经历了同样的事情。世界上有各种贫民窟。很多人已经去了少管所，进过监狱。这不意味着他们不能实现一些事情。我在读博士学位。我和你结束了，我已经走出来了，我不再需要有你在身边了，你不能再打扰我了。我不需要回去看那个见鬼的生活是什么样子，我再也不需要体验那种兴奋。我可以生活在我现在生活的地方。我将进入学术界——真实的世界！

F：过去怎么回应？

D：是的，但是你——你知道我们是你的朋友，我们了解你想要什么。我们的生活是丰富的，那里有更多的兴奋，有更多的意义，有更多可做的事、更多可看的；它不是贫乏的。你知道你已经做了什么。你不能摆脱它走出来，你不能离开它。

F：换句话说过去觉得博士是贫乏的？你是——

D：博士是——啊，博士，这是什么鬼东西？

F：对他说。

D：瞧，当你拿到博士学位的时候你获得了什么？它把你放到一个可以做一点点事情来帮助分析某些问题的位置上，当人们获得博士学位的时候，他们不会真的用它来做很多事。无论你做什么，它都不会真的让你的人生有什么大不同。

F：你看，现在我们进入了存在性问题。现在你已经来到你的难题、你的僵局。

D：是的。

F：你想做些更兴奋的事情。

D：我不仅想要做些兴奋的事情，我还想要做些有意义的事情——一些真实的事情。我想要触碰它，我想要感受它。我要看它成长和发展。我要感觉我是有用的。我不想要撼动世界……这个虚弱的感觉。所有那样的工作。

F：那是一个很有意思的观察，因为所有的杀戮都是基于虚弱……所以做博士……

D：世界上有三十亿人，大约有一万人在做决定。我的工作将会帮助那些做决定的人，让他们更明智。我不会撼动世界，但是那比剩下的两亿九千万人做的还多，那将会是有价值的贡献。

F：你注意到你现在是如何越来越理性——对立面来到一起——了吗？你现在感觉怎么样？

D：我感觉我想要理性。

F：是的，是的。我认为你这点做得非常好。

Q：在这个例子里我们看到很多暴力和攻击，结果是虚弱感导致的。攻击在健康、整合的人格中扮演什么角色？

F：我相信攻击是一种生物能量，是我们用来分解食物或任何其他我们为了吸收而要解构的东西。我们需要找到攻击、暴力、虐待狂等之间的区别。在现代精神科它们都被扔进同一口锅里。它们是非常不同的现象。比如，暴力，像你在这里看到的，是虚弱的结果。如果你没有其他的应对方式，那么你就会开始杀戮。攻击适用于任何类型的工作，但是你们看到了攻击通常不是由应对触发的，而是由对父母的痛恨——不是反对真实的父母，而是幻想的父母。在我的工作中，我经常问："你需要妈妈来做什么?"你不需要四处拖着她。把她扔到垃圾堆上,不要浪费时间恨她。这就是我说的,清空幻想的中间区域。如果你已经原谅了她,你就已经吸收了你投射到她身上的东西,那么你就可以放弃她了。如果你今天吃了一块牛排,你会怎么处理这块牛排?你把它变成你自己的,任何未完成情境、不完整的格式塔也是如此,你消化它,使用它作为营养。在整合良好的人格中,攻击是一个应对情境的手段——有些情境要求攻击。其他的情境要求,比如说,理性的行为,另外一些情境要求后撤。你们已经注意到了此处我对接触-后撤、应对-后撤情境进行了多少工作。如果你不能应对一个情境,你会后撤到一个你感觉舒服的位置,或者未完成情境可以等待的地方,然后你又出来了。这个节奏对生活如此不可或缺。如果你不听从这个节奏,有失偏颇,你要么是一个自夸、吵闹、外向的人,要么是一个完全后撤的人。这不是心(握拳),这也不是心(张开手),这才是心(张开然后合上手)。接触-后撤。记住,永远是节奏的事。

你注意到我用了多少次这把空椅子,你如何通过认同自己的力量,重新拥有它,咀嚼它并且吸收它,再次把它变成你自己的。这就是成长过程,我们通过这个过程来调动潜能。如果你正确地理解尼采,他说过超人,他说的不是连环漫画里的超人,不是纳粹的那种——肌肉猛男,而是能把自己的潜能发挥到最大可能性的人。再说一次,只有在你允许成长过程发生的时候,它才会发生。

任何刻意的改变都不奏效。如果你拿回、吸收可利用的东西,改变自己就会发生。事实是我们远远不只我们在最狂野的梦中自认为所能成为的样子。大约六个月之前我有一次有趣的经历。我当时感到无聊,所以我想:"为什么不用这段无聊的时间开始写作?"所以我开始写我的生活,它开始流动,大部分是词句,部分是诗,但它是流动的。在这段短短的时间里我已经写了超过 300 页,我认为它将是一本好书,我将之命名为《进出垃圾桶》(*In and Out of the Garbage Pail*)。我让兴奋接管。我七十五岁了。所以想想你们面前拥有的是什么。

贝<u>丝</u>(Beth)

　　贝丝:(刺耳、恼人、有力的声音)我的梦里有一个铁环,就像是卡车轮子的一部分,绕着我的胸口,我出不来。我感觉困在这个铁环里,我一直尝试出来。

　　弗里茨:好的。对此,我需要一个强壮的男人,上来一个人。(一个男人上来)贝丝,成为你梦里的铁圈,用你的手环绕他的胸口,然后试着困住他。(她这样做,并用力地挤压)好的。(对男人)现在你尝试从这个铁圈里出来。(一阵快速、有力的挣扎,他挣脱出来了)

　　B:(有所发现)但我不是铁做的。

　　F:是的! 获得了存在性信息吗?

　　B:我真的以为我可以困住他!

　　F:好了。

玛丽安

　　玛丽安(Marian):(轻声地)我可能会翘着我的腿,如果我想的话，所以我打算这样做。我不是很确信，真的，我为什么来，但是，啊，首先，我已经过了乱七八糟的一周。来这儿一周了，我感觉非常不安，所以我认为，啊，也许如果我和你讲，我会感觉好点，我真的不确定这是为什么。我认为这是我第一次直面关于自我价值的问题，我的自我概念现在真的混乱了。在你的演讲期间我已经试着厘清我自己，啊，我真的不知道我现在在哪里。我感觉，啊，这周我已经感觉被你拒绝，这个中午我已经感到被你拒绝。我确信它一定在我的想象中，但是我可以告诉你吗？……当我提到这个的时候啊，有——啊，已经在你的房间里有了一次愉快的马拉松体验。我感觉我从你这里获得了两个信息——也许在我内部的。但是我从你这里获得的信息，一个是当你离开的时候我认为——我在心里说："你知道，你无足轻重，所以你对我说干什么呢？"而另一个是我感觉……

F：那个句子是什么——"你无足轻重"？

M：我感觉我没有直接对你说话。

F：你说了一些"你无足轻重"一类的话。

M：是的，这是我对我自己说的。

F：我知道。你能再说一遍"你无足轻重"吗？

M：是的，你无足轻重。/F：再说一遍。/
　　你根本无足轻重。/F：再说一遍。/
　　你根本无足轻重。/F：对其他几个人说这句话。/
　　你们真的——你们真的无足轻重。你们没有价值，根本
无足轻重。我不喜欢。

F：好，详述这一点，我们怎么无足轻重？

M：嗯，你重要，但是我——这是我自己的看法。

F：我知道，我想让你再说出来。

F：你想让我对你说？

F：是的。

M：我可以说，但是，瞧，我不相信。

F：我还是想让你玩这个假装的游戏。

M：好吧。你真的无足轻重。你认为你是谁啊，凭什么比我更重要？

F：继续。

M：我不觉得你哪点比我好……所以你为什么给我那种感觉？

F：对其他几个人说这句话。

M：（咯咯笑）让我看看。你对我真的没那么重要，你不重要。贝蒂？我知道你的名字，所以我对你说，我不是真的（笑）相信，但是我将使用你的名字。本？你为什么让我感觉——你重要得多。你不重要……我这样做不舒服。

F：当你这样做的时候你感觉到什么？你的不舒服是什么？

M：一种真实的背叛感。一个——你知道，一种"喔，我为什么说这些不好的东西？"啊，这有点——一种孤独的感觉。我认为没有比拒绝更糟的。我不喜欢。我感觉——我感觉很糟，当我感觉被拒绝的时候……一种不存在的感觉，你知道，真实和真正的内在……

F：所以这句话会是，"我拒绝你，因为你不真实"。

M：是的。这就是这周我被告知的，你知道，在——在言语上。我是说真的。不是在我的感觉里，而是——好吧，不是。我收回。它不是真的，你不是——你不是真的。它是"你为什么微笑？但我感觉你不是真的在笑"。这就是我听到的……而且，啊，当我感觉其他人被注意到了，而我没有，你知道，一遍又一遍……所以我的自我价值感就经历了一个真实的暴跌……它是一个——对我是一个新的体验，因为我还没有感觉到它。但是现在它带我回来了。我想，你知道人们有多久——我不认为他们已经感觉到这个了，现在，我——我开始，啊，越来越觉得，这是我想象力的虚构，当我谈论它——当我对你说的时候。

F：让我们对这个想象做进一步调查。对玛丽安说："玛丽安，你是没有价值的，你是不真实的。"就是贬低她。

M：玛丽安，我认为你是没有价值的，你没有价值……当我这样说的时候我感觉非常糟糕。它只是带来一种我曾有过的感觉，你知道，有几次，我不喜欢……

F：你让她哭了……所以让玛丽安回话……

M：嗯，我认为我有，我确定我有价值，我不知道你为什么这样对我讲。我感觉我在我的生活里是一个非常有价值的人，所以你为什么让我有这样的感觉？

F：再换角色。

M：喔，你——你是如此假……

F：怎么？告诉她她怎么假了。

M：你微笑的时候我觉得你不是真的在笑。你试图表现出你对人心怀善意，但我真的不认为你是这样的。我认为你在试图假装。

F：现在玛丽安？她怎么回应？

M：但是我确实对人们心怀善意。我对——我对人充满善意……你不认为我是这样的……所以我不知道为什么这一周我就碰到了这么糟心的麻烦……

F：谁给你的这个麻烦？

M：是我在一个团体中获得的体验，它是一个……

F：谁给你的这个麻烦？

M：谁？那个团体里的几个人。现在他们没一个在这里。

F：你能告诉他们，他们对你做了什么吗？

M：威胁，你们威胁了我的正直，说我不是真的像我说的那样，说我是虚假的。我告诉过你们几次，我曾帮人们快乐起来，给予他们支持。你们质疑这一点。你们说，你们知道。"你曾经成功地让其他人感觉良好吗？"我的回答是："当然我有过，我认为我已经帮助了别人很多次。"

F：继续，教训他们……

M：（更有力地）我不喜欢你们质疑我的正直。

F：现在你才有了声音。现在让他们哭……

M：（有力地）你们知道我——我认为——我认为他们……我不，啊，相信他们值得我的——在你们身上浪费我的能量，因为我认为你们满嘴胡话，我甚至不会再在你们身上浪费我的呼吸。我不关心你们怎么想，我知道我怎么想我自己。

F：瞧，现在你拿回了你投射的东西……你现在感觉怎么样？

M：我感觉好多了。/F：是的。/我感觉有点傻。（咯咯地笑）

F：让我们解除这个投射。告诉我我傻。

M：你，弗里茨？你傻？/F：是的。/嗯，我真的认为，呃——我不能因为我已经从另一处解除了投射，就说你傻，因为我不认为你傻，我认为我傻，或者我过去认为我傻，现在我不认为我傻了。

F：你能原谅玛丽安犯傻吗？

M：是的，我能。

F：告诉她。

M：玛丽安，我原谅你这么傻，以至于把你的投射放到其他人身上，在低潮的时候，投射到其他某个人身上……谢谢你，弗里茨。

F：你们看，自我折磨游戏的麻烦之处就在于，当你折磨自己的时候，你表现得像一个忧郁发射机。你毒害整个氛围，贬低你环境中的每个人。尝试吸收它吧。

盖 尔

盖尔（Gail）：（紧张的笑声）上这里来比我想的更吓人。

弗里茨：谈论这个体验："这很吓人。"

G：我的心在怦怦跳。你们其余的所有人都来这里工作过，哇哦。

F：好，后撤进你的身体，回到你的焦虑。

G：我的——我可以感觉我的心脏跳动，而且我的脉搏、我的胳膊、我的腿、我的脖子……实际上，是一种糟糕的感觉。

F：享受它。

G：它是一颗强壮的好心脏……我感觉到我背上温暖的火，它也不错。

F：现在回到我们之中。

G：我现在不是那么怕了——每次都有用，弗里茨。

F：那么你现在体验到什么？

G：我在看你，我看到你了。昨天晚上我做了一个梦，在这个梦里我在一个团体中，我在一个团体中。

F：对观众说这句话，也许有人会感兴趣，问他们是不是有人对这个梦感兴趣。我不是你唯一的观众。

G：我真的不关心他们是不是对我的梦感兴趣。

F：嗯，继续这点。

G：我更感兴趣于和弗里茨工作而不是我——娱乐你们。我来这里不是为了娱乐你们。

F：你现在感觉到你声音里的真理、真实了吗？/G：嗯。/你能进一步发展它吗？"我来这里不是为了娱乐你们……"

G：如果我工作的时候，你们获得一些东西，那挺好的，但是如果你们没有，喔，那也挺好。我不是来这里（笑）达成你们的期待的。

F：然后你触碰了我。

G：是的，我来这里不是为了达成你的期待。

F：好的。你听到你的声音了吗？它突然降低了。漂亮。

G：是的。我会再试着那样做。弗里茨，我来这里不是为了达成你的期待。

F：我还不相信你……

G：不幸的是，我来这里是为了达成我的期待，这也是我被钩住的地方。

F：啊哈。那么对盖尔说话，告诉她你对她有什么期待。

G：我期待你不要搞砸了，失去成长的机会。我期待你保持和弗里茨的接触，不要玩你自己的傻游戏。如果你——你真的搞砸了，我真的会为此惩罚你，我不会让你好过。

F：怎么做？你怎么惩罚？

G：我会，呃……我会让你感觉像一坨屎，但是我不知道如何去——具体该怎么做。

F：好的。让我们和团体尝试这个："如果你不达成我的期待，我会让你感觉像屎。"对整个世界说这句话。

G：（笑）……如果你没有达成我的期待，我会让你感觉像屎。我认为我会离开你。我认为这就是我达成目的的方式……是的。

F：让我凭直觉工作。你也能对上帝说这句话吗？

G：呃啊……如果你不达成我的期待，我会离开你。你不再为我存在……奏效了。（笑）如果你不达成我的期待，我会离开你。（左手推向观众）

F：再对观众说这句话，这次说："如果你们不达成我的期待，我会把你们挡在外面。"

G：如果你们不达成我的期待，我会把你们挡在外面。

F：现在也用你的右手把他们挡在外面。用双手把他们挡在外面……再来……你能真的把他们挡在外面吗？

G：啊，我又有震颤的感觉了。/F：是的。/（上气不接下气地）哇哦！

F：有一些新的力量产生了。

G：我——我的呼吸很浅，我感觉有一点头晕。

F：那么再次后撤。

G：我的头晕加重了……如果我对抗它，我变得——变得有点微微地恶心，所以我猜我会尝试追随它（叹气）……

F：你曾经晕倒过吗？/G：没有。/那是中断的最好方式。/G：是的。/那就是他们在维多利亚时代所做的，女士们总是会晕过去，她们要么头痛要么晕倒……

G：我现在可以深呼吸了……当我去……我感觉……心不乱颤了……我的手仍然很虚弱。

F：回去，再说这句话："用你虚弱的手……"/G：好的。/"如果你不达成我的期待，我用我虚弱的双手阻挡你们……"它们只是没有任何力量。（叹气）……挡住你……

G：如果你不达成我的期待，我就用我虚弱的手阻挡你们——它们真的很虚弱。我用虚弱的手阻挡你们……我的手上没有力量。（叹气）……挡在外面……

F：你能幻想一下如果你用有力的双手挡住我们的话，会发生什么吗？

G：（轻声地）没什么……我挡住你们，啊，是的——

F：发生了什么？

G：我阻挡你们，用我有力的……如果我真的用我的手，我会打你。

F：啊！终于。再说一遍这句话。

G：如果我使用我的双手，而且它们是有力的，我在用手挡住你……如果我真的那样做了（笑），我会打你……但是我不这样做。我用我的——我的声音挡住你，而不是我的手。

F：你通过后撤阻挡。"我是虚弱的。"

G：是的……是的……是的。

F：而不是用你的力量。

G：头晕也是。是的，对的……我不是让他们走开，而是自己走开。

F：正是。现在，回到盖尔。"如果你不达成我的期待，我会用我有力的手把你挡住。"

G：（快速地）如果你不达成我的……（慢慢地）如果你不达成我的期待，我会用我有力的手把你挡住。耶……耶，耶！（笑）

F：再来。

G：哇哦！……如果你不达成我的期待……呃……我会用有力的手把你挡住。

F：让我们尝试向前一步。"如果你不达成我的期待，我会用有力的声音把你挡住。"

G：（笑）你就快明白我的意思了，是不是？（用更强的声音，快速地）如果你不达成我的……如果……

F：你几乎获得了你的声音。

G：哇哦，我也不知道她在哪里。这难以置信。我没有真的和你们在这里，我也没有把你们分离出来。如果你不达成我的期待，我会用我有力的声音把你挡住。

F：再说一遍。

G：（大声地）我会用有力的声音把你挡住！／F：大声点。／
我会用有力的声音把你挡住！／F：再大点声。／
我会用有力的声音把你挡住！

F：现在用你的整个身体、声音和所有说这句话。

G：（深呼吸几次）**我会用有力的声音把你挡住！我会把你挡住！**……呼……耶……我在背上也感觉到了。尽管我感觉更强了，我仍然能感觉到震颤，在这里。但是我感觉更强了。我感觉到那——我也的确感觉到了。我的确把你挡住了。可怜、虚弱、无关紧要的东西……你为什么不回击？

F：再说一遍。

G：你为什么不回击？／F：用祈使句说。／
回击！／F：再来。／
回击！／F：再来。／
回击！……

F：换座位。

G：我甚至再也不想看她。

F：对她说这句话。

G：我——我甚至不能看你，我在看角落，你太强壮了。

F：这是一个谎言，你已经获得了力量。

G：我不回击更容易。

F：啊，的确。

G：（叹气）然后，就会制造麻烦。我不——

F：噢喔！你又瘫了。

G：啊！你不能再压榨我了！

F：再说一遍。

G：你不能再压榨我了！你不能（更深沉）你不能压榨——哇哦！你不能再压榨我了……你不能再压榨我了。

F：换座位。

G：那感觉怎么样？我认为她是故意的。让我们来考验她。我压榨你！回击！压榨你没有乐趣，你太好对付了。这也不对头。

F：对正坐在这里的这个人多说些。

G：回击，压榨我，我让你气喘。

F：现在对我做，压榨我。（她把手放在弗里茨的胸口轻轻地推）（笑声）

G：我没有压榨你吗？……（她用力地推，就像做很强烈的人工呼吸）

F：你现在感觉如何？

G：更有力。

F：对。现在对你自己这么做，让你自己气喘。（她大声、快速地呼气）再大点，更多。（她继续深呼吸，开始咳嗽，然后喘息）更多。

G：（喘息变得更明显，更大声的咳嗽，然后降为沉重的呼吸）我的手是热的……

F：现在发出各种噪音，比如，高潮的噪音或者其他类似的。

G：（喘息，加上一些呼噜）不对。（喘息，呼噜，更大声）啊。呼。呼。

F：你正在挤压。

G：**呼。呼。呼。**/F：大声点。/

　　　呼。呼。呼。呼。/F：大声点。/

（她继续发出同样的声音，呼声就像从肚子里发出来的，深沉，背后有饱满的呼吸）

F：大声点，对她做。**"呼!"**（大声点）

G：（大笑）……谢谢你。

玛　丽

玛丽（Mary）：你想要一个梦吗？（笑声）

弗里茨：你们看，第一步是——我总是特别注意听第一句，第一句她就把责任放到我身上。

M：好吧。我在一个——有某种战争在进行，我在俄亥俄州，我想回到密歇根的家，去大急流城。然后，啊，好像是第二次世界大战——你知道，你需要出示身份证和所有东西——或像我看过的关于第二次世界大战的电影。由于某些原因我还没有获得身份证，我和另外一个女人在一起，我不知道这个女人是谁，我不记得她。但是无论如何我们的日子很糟糕，我们正在计划穿越伊利湖，我们像法国地下军一样潜行。我在尝试回到——我尝试回到家，这是主要的事情，我似乎到不了那里。就是那样。

F：好。你能在这儿扮演使人受挫的人吗？

G：使人受挫的人？

F：是的。你们看，有两种梦：愿望的实现，按弗洛伊德的说法，还有挫折的梦——噩梦。你已经可以看到这个梦多么充满挫折。你尝试回家，有些东西总是在阻碍你。但是同时，这是你的梦——你在挫败你自己。所以扮演施加挫折的人。"玛丽，我不让你回家。我在你的路上设置了障碍。"

M：好的。我不会让你回家……只是一直讲话？

F：是的。它是你自己施加挫折的部分，把它拿出来，看看你怎么让玛丽受挫，阻碍她回家。

M：哎呀，我不知道。啊，你要选择这条路或那条路或者——或者其他路，我会一直阻碍你到达那里。我不会让你想起来如何到那里，我会让你做太多其他事情才能到那里——太多其他活动。我不会让你穿过这条湖……我只会让你一直紧张不安——（举起右手似乎在推开）

F：再做一遍这个动作。

M：我会阻止你这样做。

F：对玛丽这样做。

M：对我做？

F：是的，当然，你是使人受挫的。

M：好吧，老实待在你的地方，不要向前走。

F：现在换座位，成为玛丽。

M：但是我想向前走。

F：再说一遍……

M：但是我想去那里……

F：换座位。

M：我不会让你去，我太生你的气，我不会让你到那里……

F：继续写剧本，继续对话。

M：来回地？/F：是的。/我不确定此刻我在哪里。啊……

F：你的右手在做什么？我注意到几次了。

M：我的什么？

F：右手的动作。

M：在抓我的头，因为我——我……好吧，我认为我想要去的地方是，我——我想找到，找回我自己。那就是家。

F：是的。荷尔德林有首漂亮的诗，海德格尔，最早的存在主义者之一，引用过这首诗。回家意味着回到你自己，返回你自己。你阻碍你自己回家。/M：嗯。/你已经说过你阻止你对自己生气。

M：是的，但是我真的生气。愤怒的我胜利了——我的意思是她一直在对抗成熟或其他东西，一直胜利。我猜她阻碍我成熟，阻碍我发现我自己。

F：对她说这句话："我生你的气。"

M：我生你的气，我生你的气，因为你不看我……我生我妈妈的气，因为她不倾听我，因为她不爱我本来的样子。

F：好。所以现在我们需要转变相遇，转到你和你妈妈。

M：（温柔地）妈妈，每次我想做我想做的事情的时候你都说我自私。还有精神科博士，你也同样说我自私。我似乎无法变得不自私。所以我——妈妈，如果我做了你做的，我就会变弱——如果我做你想让我做的，我也会变弱，但是我——我继续自私。

　　　但你是自私的。你总是想要走在其他人前面。你要吃，你总是想要获得——你知道，一直是"我第一"。你只考虑你自己，如果你不开心，那么老天啊，你无论如何还是会到那里……

　　　但是我真的不知道如何变得不自私。我啊——

　　F：你在看我，你想要从我这里获得什么？

　　M：我需要——我没法一直这样。我到达——我卡在——像是一个僵局。

　　F：你真的感觉到僵局了吗？

　　M：我逃开了，我感觉到它了，是的。

　　F：在僵局中感觉如何？你是如何逃出来的？

　　M：我不喜欢，该死的。你懂的，我不应该这样做。我做它干什么？啊，这就是我做的。我进到一群人里，我在人们前面重击，我不能进入我的感觉，因为我感觉不自在。

　　F：告诉团体这句话。

　　M：我从你身边逃开，我不是有意的，但是我这样做了。我认为这是愤怒的我在说："玛丽，你知道，你不会到那里。"

　　F：好吧，闭上你的眼睛并逃开，走开，去任何你喜欢的地方，你会去哪里？

　　M：想让我告诉你我在哪里？/F：是的。/密歇根湖，看一个——沿着沙滩散步。

　　F：只有你自己？

　　M：是的。

　　F：是的，什么——/M：我喜欢那里——什么？/F：你在那里体验到什么？

　　M：（温柔地）好吧，我喜欢水洗我的——冲击我的脚，我猜这就是家——家的一部分。我们在那里有间小屋。我猜当我走在沙滩上的时候我感觉完整。

F：现在回到我们中间。你在这里有什么体验？你能对比这两个体验吗？你喜欢哪个部分？

M：我喜欢在这里。

F：你在这里体验到什么？

M：很多好人，很多有趣的人。

F：玛丽，你想说的是朋友吗？

M：是的，朋友，我猜。

F：好吧，再溜走，再离开……

M：我不想离开。

F：好，你感觉在这里更舒服吗？/M：是的。/仍然有些东西不完整——啊。你刚才中断了。你的右手在做什么？不，现在你在作弊。

M：哪个？（移动双手）

F：让右手和左手对话。

M：右手，你在那样做。噢。

我想要隐藏你。

但是我不想被藏起来。

但是我想隐藏你。

不，不，不要隐藏我。我想走开。

我将抓住你并隐藏你……好吧，我就让你那样。

然后我不需要隐藏。

F：再说一遍这句话："我不需要隐藏。"

M：我不需要隐藏。/F：再来。/

我不需要隐藏。/F：大声点儿。/

我不需要隐藏。/F：对你的妈妈说这句话。/

我不需要隐藏。

F：你对她说过这句话吗？

M：我不知道。我对她隐藏什么？

飞：这是价值六十四美元的问题。当然，主要的问题是，你需要你妈妈做什么？你为什么仍然带着她？

M：你说我为什么带着她？/F：是的。/我必须想这样做。我必须愿意和她的存在相处。

F：玛丽，你觉得你丢了你的身份证，或者你在隐藏它吗？

M：我认为我在隐藏它……

F：和你在一起的另一个女人是你妈妈吗？

M：我不知道，我认为是我姐姐。

F：（对着团体）请注意，在格式塔治疗中有一个禁忌，那就是头脑强暴、解释。你刚才就开始这样做。我知道在团体治疗中这是主要的事情，但是我们想要体验，我们想要现实。

被这样干扰，你现在体验到什么？

M：我不是很喜欢。

F：但是你没有说出来。

M：（对团体）我不喜欢太多干扰，因为我在尝试集中。

F：你在尝试集中，是什么意思？

M：获得我对我妈妈的感觉。

F：这是需要努力的事。

M：有的时候。

F：现在对你妈妈说这句话。

M：好的。妈妈，有时候我需要努力获得我对你的感觉——我真的不想隐藏我自己。我不想成为你想要我成为的，我想要做

我自己。/F：再来。/

我想要做我自己，妈妈，如果那意味着/F：大声点。/自私，它意味着自私，见鬼去吧！/F：大声点儿。/

好的。我要做我自己。我要做我。我要让我出来，如果这意味着自私，那它就是自私。

F：现在用你的整个身体说。

M：好的。我想要做——我想要做我自己。不管怎样，我得做自己。我不会成为你想要我成为的样子。

F：现在你仍然大多用你的声音在说。你自身其余的部分仍然是死的，没有参与进来。起来，用你的整个自我说。（她站起来）……你现在体验到什么？

M：还是有一点害羞。

F：对你的妈妈说这句话。

M：妈妈，我害羞……我爱所有这些人，但是我仍然害羞。

F：所以回到你的密歇根湖边的小屋，在那里说……你能在那里说吗？

M：是的，我可以，但是我无法很轻松地回到我的小屋。

F：你在哪里说最舒服？

M：也许在那个沙滩上。

F：好的，你能去哪里吗？……让你的喊声越过湖。

M：（大喊）嘿，妈妈，我想要做我自己。

F：仍然是虚的。你能听到吗？

M：仍然生硬，是的。

F：现在我们需要拾起其他的东西——害羞。你能舞出害羞吗？

M：我能舞出害羞吗？

F：是的，我想要你把它舞出来。

M：（起来跳）像这样？你的意思是像这样？/F：是的。/（咯咯地笑）我不想看下面任何一个人。

F：现在你有什么感觉？

M：噢，很好，我很享受。

F：现在再尝试对你妈妈说。

M：你的意思是喊出来……

F：我不关心你是不是喊出来，只要我感觉到你真的清楚传达了埋藏在其中的信息……

M：对我来说这很难做到，因为对她的爱进来了。

F：对她说这句话——

M：这是一个冲突。

F：啊，现在你进入了僵局。/M：是的。/现在对她说这句话。

M：她也死了，所以你知道，完了。

F：但是你仍然带着她，她没有死。

M：好吧。嘿，妈妈，我不能对你说这句话，因为我也爱你，我想要你爱我。就是这样，我想要你爱我，所以我做你想让我做的。见鬼。

F：扮演她。

M：是的，我想让你做我想让你做的。但是我的确爱你，可太难触及你了，因为你是自私的。除此之外，我想要一个男孩，我不想要女孩。

妈妈，我想要做一个男孩。

F：告诉她她是自私的。

M：你是自私的，见鬼，因为你不想要我，你想要一个男孩。可你有了我，看看发生了什么。你有了一个大个子的我，你不知道怎么做。但是我得做我自己。

F：你能说"我必须成为一个女孩"吗？

M：我必须成为一个女孩。

F：再说一遍。

M：很难说出来。

F：是的，你又卡住了。

M：我还是想要做一个男孩。啊，我必须做一个女孩，妈妈，我感觉我不像一个很漂亮的女孩。

X：我觉得你很漂亮。

F：有人想要"帮忙"。（笑声）

M：我不觉得我漂亮……有时我不能，有时我可以。（叹气）

F：现在再扮演腼腆。

M：害羞？

F：嗯，你叫它害羞，我叫它腼腆。（笑声）

M：你的意思是看看这些人？他们没看见……

F：我明白了。所以他们看不见你没有阴茎，对吗？

M：我没有——噢！（全部大笑）我很尴尬。

F：这是我的猜测。这是你的尴尬。/M：什么？/我猜这是你的存在性尴尬。你被假定为男孩，但没有阴茎的男孩不算是男孩。好了。

约　翰

约翰（John）：当我发现我的思想经历这整个——

弗里茨：对你的思想讲话。

J：但是我发现我的思想正经历……

F：对你的思想说。

J：我想要对你说。

F：好的，谢谢你，谁是下一个？

J：你不是个有那么大敌意的人。

F：我没有敌意。如果你不吸收这一点——我对头脑强暴不感兴趣。如果你想工作，你就工作。

J：好吧，我会试试。我仍然认为你有一点敌意，但是我会试一试。

F：对弗里茨说这句话，把弗里茨放到这把椅子上，说："弗里茨，你似乎有一点敌意——"

J：弗里茨，你似乎有一点敌意；不仅仅是一点，很多。

F：扮演弗里茨。

J：扮演弗里茨。从我的舞台上离开——离开我的舞台，你是个他妈的入侵者，想表现得像正常人一样。想试着说你认为你自己是谁，想表现得像一个真实的人。离开我的舞台，你不属于这里，因为你谁也不是。我是个大人物，我是上帝。你一文不值，你他妈的什么也不是，你不——

F：对观众说同样的一句话："我是上帝——"

J：可是他们的确存在。

F：对观众说同样的话。

J：我是上帝，你们不存在。

F：那不是你刚才说的。

J：我忘了我说了什么。

F：那么请离开舞台。

J：这是我听过的最有敌意的话。你为什么不许我工作？

F：因为你在破坏每一步。

J：我只——你几乎没有给我任何机会。我说了两件事情。

F：是的。

J：你想立即把我冲进厕所里。到底为什么？我觉得不公平。

F：没错，我不公平，我在工作。

你注意到任何一个带着哪怕一点好意的人，会发生多少事情。但是对于所有捣乱的和有毒的人，我不打算给任何耐心。如果你需要控制我，让我出丑——破坏、摧毁我们在这里做的——我不掺和。如果你想要玩游戏，去找精神分析师，在他的沙发上躺几年、几十年、几个世纪。

J：我喜欢你正在做的。到现在为止都是这样。

F：嗯。

J：现在，你知道，我做一些事情——你知道——用一个你不认可的句子来说——我知道其他来到这里的伙伴和女孩，你知道，他们想——你知道，你让他们解决完问题，你却立即想让我离开你的舞台，为什么？这似乎对我不公平。

F：问弗里茨，他可能会回答你。

J：扮演弗里茨？你刚才说问弗里茨。

F：啊！第一次，你听了。

J：扮演弗里茨……扮演你……哈。我不能扮演你。我认为你……我认为你这么无所不能，也许你会坚称我是扮演上帝的人，不是你。

F：啊哈，你现在知道了。

J：嗯，我可以在智性上明白，我知道我这样做，一些，但是……那个时候我不知道我在这样做。

F：拜托你，每次——这是对整个团体说的——不要说"但是"，而是说"并且"。但是是分割，并且是整合。

J：对不起，我不明白你在说什么。我想要这么做，但是我做不到。我漏掉了……不要——我也没有那么紧张。（短暂的干笑）你能重复一下——你想要让我做什么吗？

F：不能。如果你不想合作，就不合作。如果你破坏每一步，我怎么能和你工作？

J：我想要合作。你能给我一个机会吗？

F：到目前为止我给你三次机会了。不对，我给了你六次机会。回到你的座位上。

J：（讽刺地）谢谢你，我也感激你的合作……我真的是来告诉你一个梦的……但我感觉现在只是在遵从程序，而不是在讨论我们之间的交流，以及我对我们交流的感受。

F：好吧，扮演弗里茨。弗里茨会回答什么？

J：弗里茨会问什么？

F：回答……

J：弗里茨会回答（叹气），我是弗里茨。我在试着做弗里茨……我在要求你合作，我要求你开放，我在要求你向我俯首称臣。

F：对观众说这句话。

J：我在要求你对我俯首称臣。

F：再说一遍。

J：我在要求你对我俯首称臣。

F：好了，换椅子，回应这句话。

J：我不想对你称臣，我认为你是一个傲慢的老混蛋。

F：啊！谢谢你。第一个合作。（笑声）

J：我第一次坐在这里时就有合作，你这个天杀的混蛋，你就是看不见。

F：你能再做一次吗？

J：你他妈是对的，我可以……我理清了思绪是因为我，不是因为你。你想要把我从这里踢出去，你这个傲慢的老混蛋。我理清了思绪是因为我坚持，而不是因为你做了什么……

F：所以你赢了。（笑声）

J：这是真正的贬低……我不喜欢观众嘲笑我。

F：对他们说这句话。

J：我不喜欢你们嘲笑我，我认为你们在嘲笑我，我认为你们参与了他的敌意。

X：我们在和你一起笑。

J：希望如此。我不相信，但是我希望如此，因为我没有笑，（笑）但是你们刚刚在嘲笑我。

F：你没有觉察到你刚刚就在笑吗？

J：我在笑吗？

X：是的，你也享受其中，是吗？

J：我想是吧，我想是的。好吧，我知道我是好竞争的，我知道这理论是对的。

F：你能继续多扔些鸡蛋吗？我喜欢。

J：这一刻你似乎更有人情味了。现在你似有人情味了，朝你扔鸡蛋要比你不让我待在你的台上时更难。

F：（讽刺地）你还能变得多合作？（笑声）

J：你想让我朝你扔一点鸡蛋，哈？好，我认为你是一个天杀的，我认为你也是好竞争的！你想要成为上帝，你想在这里向团体卖弄你的家当。我不相信这比精神分析，或者个体隐私保密心理治疗好。你知道，也许你只是一个傲慢的大混蛋，满足于在这里的无所不能……

F：所以，现在，你能扮演这个角色吗？扮演一个傲慢的混蛋，无所不能的。扮演你刚才对着讲话的那个弗里茨。

J：老天！这是我不想要做的！这是我担心我会成为的。如果我真的——是我。一个天杀的像你一样的混蛋——好吧，我会做的。啊，我怎么做呢？啊。好吧，现在，你，你过来告诉我你的问题，我会帮助你，我会帮助所有坐在这里的人，因为你们知道，我真的知道一切。好的，好的。我是弗里茨·皮尔斯，我知道一切。我还没有写一堆书，但是我已经写了一些东西，我七十五岁了。你们知道，因为我七十五岁了，所以我是上个世纪（19世纪）而不是这个世纪出生的，我真的应该知道一切。你们知道，我真的知道一切，因为，毕竟，我是弗里茨·皮尔斯博士，你们这些人都应该来听我的。

F：现在，你自己能扮演同样的角色吗？同样的气质。

J：老天！这是我不想要成为的。好吧。你来这里听我说，我——约翰。我是伟大的，我是个人物，你们都应该听我说，因为我有东西要说。我是重要的，我很重要。实际上，我比你们所有人都重要，你们什么也不是。我是重要的。我极其重要。你们需要向我学习。我不需要听你们说。天，我不想这样说。

F：你现在感觉更自在了吗？

J：一点点，是的，多一点儿了。

F：好，现在让我们谈谈梦。

J：我梦到——我应该保持现在时态吗？我梦到？我正梦见，来到伊萨兰，我在这儿梦到了几个人——三个男人，三个和我年纪相仿的年轻人，三十岁出头，啊，骑在马上。我回想起我来这儿之前听到的一些名字，其中一个名字是约翰·海德，还有另外某个人和另外某个人——有这么三个人骑在马上，然后是舒茨或者你，你知道，你没有在马上，你在后面的某个地方。我感觉和我竞争的就是这三个人。

F：是的。你意识到我让对梦工作的人用现在时态讲述梦，他们每一个人都这样做了，但你是唯一一个一次又一次破坏规则的人——回到过去，编故事……

J：我是的，既然你提到了，是的。

F：是的，但是你没有听见你自己。

J：我听到了，我没有立即感觉到该如何做，我急于取悦你，我认为我首先用过去时讲述，然后再用现在时。（笑声）很显然这没有取悦得了你。

F：我设想傻子都能立刻明白，但是如果你没有在这个水平之上，如果你需要——

J：我不是傻子，但是你有这天杀的敌意。（笑声）我认为你是一个伟大的伙计，你能给予别人某些东西，但是你为什么必须这么有敌意？

F：（大笑）因为你是一个傲慢的混蛋！（笑声）

J：你没有意识到我也很聪明，或者是个人物吗？怎么了？（笑声）（约翰回到自己的梦）好吧。我是——我是——啊，我什么也不是，或者我是很小的、不重要的东西。我深知没有真正感觉到我自己的存在，我甚至没有真正感觉到我的身体，我甚至没有真正感觉到我自己。我没有在马上，我是小的，我比我的外表看起来更小，有三个人在马上。

F：好，我们现在有了极性。现在，再扮演这个不重要的约翰。

J：扮演重要的约翰？

F：不重要的约翰。

J：扮演不重要的约翰。

F：出现在梦里的那个。

J：扮演不重要的约翰。

F：然后，扮演其他角色——傲慢的混蛋约翰。让不重要的那个和傲慢的混蛋相遇。

J：（快速地）我是——我一文不值。我感觉什么也不是。我甚至感觉不到我存在。你这个傲慢的混蛋。我甚至都感觉不到我自己，我甚至感觉不到自己的身体，因为你，你这个傲慢的混蛋，不让我（声音开始破裂）——你这个天杀的婊子。你想插手一切，我被压迫。我感觉不到我的身体，我感觉不到我的阴茎，我感觉不到我的头，我感觉不到我的脚趾，我感觉不到我的胳膊，因为你想要压迫我，你不允许我存在，你不允许我感觉我是真实的，（几乎哭着）你不允许我感觉我真的活着，在此时此地。

F：扮演他。

J：（快速地）你不配活着，你这个天杀的傻子。你就是个酒鬼，你就是一摊屎，你什么也不是。你不应该存在。你不敢存在。你太害怕存在。你不想把头伸出水面。你不想露出你自己，让人看见。你什么也不是！你甚至连尘埃都算不上，你连污渍也不如。你连一捧水也不是！你连一坨屎都不如，你什么都不是。你不在这里（声音破裂），你从来未曾在这里，你永远也不会在这里，我恨你！（哭）我不想恨你。

F：扮演他。

J：（深呼吸和大哭）我没感觉我那样做了。我没有任何感觉，因为你不允许我存在。你试图踩我，你什么也不是。你一文不值。噢。你不允许我——你不允许我存在，你试图踩我。你是——你混蛋，你——你——你是屎。

F：大点儿声说："你是混蛋——"

J：你是屎，你是混蛋。

F：大声点儿。

J：你是混蛋！你是屎！你是天杀的神一样的——神一样的，天杀的神一样的——上帝，我恨你，因为你不允许我存在。你把我踢出去。但那是我，我知道那是我。

F：这是你的极性，你两者都是。

J：是的，我知道。

F：没有任何中间的东西。无所不能和无能，全或无，没有中间的东西。你没有中心。

J：我知道。

F：那么，再扮演他。

J：我……啊，你什么也不是，你没有权利存在，你不应该在这里。你是——你只是一泡尿、一摊屎，你是一撮灰，你不——你甚至不是其中任何一样，因为你压根不存在。你什么也不是！你未曾在这里。你永远不会在这里；你永远不会在这里。你现在不在这里。你永远不会在这里，因为你什么也不是。

F：再扮演另一个角色。

J：当你插话的时候我在做一件事，想了一个解释。我有点忘了。我直到那个时候还感觉得到它。

F：好吧，我建议：接受这种什么都不是。看一看在什么也不是的角色里，你能有多深入。"我是一摊屎"，或者其他。

J：我是一摊屎。我什么也不是。我不存在。我不是一个人。我没有脚趾，我没有脚，我没有阴茎，我没有睾丸，我没有手

244

指，我没有手，我没有心——

F：每个词都是谎言。再说一遍这些话，但是每次加上"这是个谎言"。

J：我没有脚趾（哭），这是个谎言，因为我有。我没有腿，这是一个谎言，因为我有，老天，它们就在那里。我没有阴茎，但是我有，因为它在那儿，我的睾丸也在那里，我的直肠在那里，都在那里。我的胃在这里。我的手在这里。我的头在这儿——我可以思考！我可以像你一样思考。

F：现在再对傲慢的混蛋说话……从新的角度。

J：从新的角度？

F：嗯，你刚发现你不是一文不值，你也有价值。

J：那么，你不是这样一个傲慢的混蛋。我不想你成为这样一个傲慢的混蛋……我担心你仍然是。我担心这是真实的我——你是一个傲慢的混蛋，所以我也是一个傲慢的混蛋。

F：现在再回到傲慢的混蛋的位置。傲慢的混蛋，你是怎么存在的？

J：我怎么存在？我存在只是因为我的一文不值……

F：等一下。每一次也要说"这是一个谎言"。对他们说你想说的话，并且每次加上"这是一个谎言"。"我是上帝，这是一个谎言。我是一个傲慢的混蛋，这是一个谎言。"

J：我听见你说的了。我是上帝，这是一个谎言。我知道一切，每个人都应该听我的。我握有真理，我握有给你们的真理，你们应该听我的，这是一个谎言，（哭泣）因为然后我不——我仍然会很孤单。（使劲地哭泣）我不想孤单。我不知道还能说什么。我是一个——我知道一切，你们什么也不知道，但这是一个谎言，因为你们很多人是温暖的人，对我说了友善的话，你们也有价值。我不是一切……我不知道还能说什么。

F：好的，让我们把这一切重新演一遍，下位狗和上位狗。让我们有一个新相遇。也许它们可以发现些什么。

J：（安静地）下位狗和上位狗，我总是感觉我是下位狗，我是下位狗。我总是保持安静，我什么也不说。我不表达我自己，我只是安静地坐在后面听头脑强暴的絮叨。每个人都说太多头脑强暴。似乎我可以是真实的，但我不是真实的，我什么也不说。我不存在，我什么也不是，我想存在。似乎你——你这个天杀的混蛋，似乎你就是头脑强暴者，我是那个东西——我是真实的东西，如果我可以说出来的话。但是你不允许我说，你总是在说，你总是——而我永远不说什么。我只是坐在后面听着并点头，我是有爱心的、善良的，我帮助你，我说正确的东西，我做出正确的解释。我是一个好社工，我是一个好治疗师，我做正确的事情。我帮助人，他们付我钱，然后我走出去，但我不能真的感觉我是真实的。我不能经常感觉真实。

F：好的，现在，再做上位狗。你是什么？他刚才告诉你，你是一个头脑强暴者。

J：我困惑了——我不能这么轻易地转换。

F：这意味着整合开始了，它们都向彼此学习。

J：啊。他刚才告诉我，我是一个头脑强暴者。是的。啊……（哭）但是，我不是一个头脑强暴者，我不想——我不想做一个头脑强暴者。我不想要这么傲慢，我不想要比别人好这么多。我只想要感觉我是人们中的一分子。我不想要属于——我想要做我自己，但我只是想感觉——我只是想感觉我也是个人物。我不想要成为一个傲慢的混蛋。

F：你现在在身体和情绪上有什么感觉？

J：噢，我全身都很麻。每个——我身体的每个部位都麻，我应该也在勃起。

F：现在就跟随从没有-身体（no-body）到某个-身体（some-body）的过渡。

J：跟随——过渡——从谁也不是（nobody）到成为某个人（somebody）。

F：写成两个词：没有身体（no body），到某个身体（some body）。

J：噢，你的意思是描述我感觉到的？啊，我不知道。我需要坐下来，坐在中间的地方。

F：啊哈。

J：没有椅子。（大笑）那么你怎么办呢，哈？必须是持续的对话吗？这就是生活吗？这只是你自己两部分的一个对话？你不能是两者之间的某个位置吗？你不能感觉真实吗？总是需要有两部分，要么感觉什么都不是要么是个傲慢的混蛋？

F：你不能有中心吗？

J：什么？

F：你不能有中心吗？

J：我想有一个中心。我想要坐在这里，这就是我想要做的，但是我想要平等，我不想坐在地板上！（笑声）好吧。（坐在地板上）感觉似乎不对劲。我想要在这里（把椅子拉到中间），这是我想要的地方，在正中间。哈，啊，我不想让你觉得我是一个傲慢的混蛋，我也不想让你觉得我什么也不是。我不知道我在哪里。

F：你离得更近了……（长时间停顿）所以现在你体验到什么？

J：不知怎的，我感觉更真实了。全身发麻是我没有预料到的。我担心如果我没有过去那么坚强，你就会与我失去联系，但是我很开心我和过去一样强壮，我想是否有人——这听起来又像是傲慢的混蛋，我想是否还有虚弱、顺从的人，只表现出自己的一方面。

F：总是一样的，总是有极性——你有这个极性。我们有其他的极性——欺凌的和哭泣的孩子，等等。不管你从哪里开始，都有互补的另一面。我从一开始就知道。关于这点有一个古老的故事。一个拉比站在他的信众前面说："我曾是这么好的一个拉比，而现在我什么也不是。"独唱者、歌手接着说了下去。他说："上帝，我曾是一个好的歌唱家，我现在什么也不是，我真的什么也不是。"信众中的一个小裁缝也接过这句话："上帝，我曾是这么好的一个裁缝，我现在什么也不是，真的什么也不是。"拉比对歌手说："他以为自己是谁，竟然敢认为自己什么也不是？"（笑声）

请注意真实的极性是虚弱对控制狂。如果你认为你需控制一切，你会立即感到虚弱。比如，当我想要爬上这面墙的那一刻，我就一定会感觉到虚弱。

问题二

Q：看到我之前确实在搞破坏，这是我的模式，我可以怎么更多觉察到这点，以便我能停下来？

F：通过有意地破坏，通过编造"我是一个伟大的破坏者"。现在破坏这句话……（笑声）

你永远不可能通过对抗来克服任何东西。你只能通过深入其中来克服它。如果你是恶毒的，那就更恶毒。如果你在表演，那就表演得更卖力。不管是什么，如果你足够深入的话，它就会消失；它将会被吸收。任何的对抗都不对。你需要完全深入其中——和它一起摇摆，和你的痛、不安，无论什么东西一起摇摆。利用你的恶毒，利用你的环境，利用所有你对抗和否弃的。所以，以其为荣！夸耀你是一个多么伟大的破坏者。如果你参加了上一次战争的抵抗运动，你可能是一个英雄。

Q：好吧，这是……我必须，比如，和你一起破坏，还是和任何一个我遇到的人？或者……

F：看，你已经在破坏了。我告诉过你要夸耀你是一个多么伟大的破坏者。

Q：我是——一个出色的破坏者。

F：继续。

Q：出色的。

F：继续，告诉我们。

Q：好的，我十七岁的时候写了一些歌，进入了加拿大流行歌曲排行榜前几名，我的一个朋友——我和这个朋友一起写了这些歌，我的一个朋友窃取了它们，我任由我的妈妈阻止我起诉，我为此快乐地不开心了很长时间。我在多伦多和我爸爸合伙办了一个夜总会，他把俱乐部据为己有。我跑去告诉我妈妈，她说"你需要俱乐部做什么呢？无赖都去那里"，同时，你知道，很——不错的人也去那里，所以我有点进入了真正的抑郁状态，在学校里一直不及格。那——你知道——很好。我相信我是愚蠢的。

F：当然，当然。

Q：我获得了电影《大卫和丽莎》的主角，但我没有像我的经纪人建议的那样留在那里，而是回了多伦多，让自己丢了工作。我知道我在艺术上很有天赋，我在音乐上有天赋，我有天赋，我是一个有才华的人。我正在学习爱我自己，这是——这是一种对我的破坏的一种破坏，并且我——我帮助他人，我决定现在我知道我就是他人，我想开始帮助我自己，并且——

F：你怎么破坏这一点？

Q：嗯，我避免——我避免阅读，我被加州大学洛杉矶分校录取，但是我害怕真的去完成学业以及参加考试。

F：现在，告诉你的父母："这辈子我一心想做的就是让你们失望。"

Q：这辈子我一心想做的就是让你们失望。

F：现在我建议你重新思考你的生命。也许你的生命有一种不同的意义，不仅仅是让你的父母失望。它是否对你有价值，由你来决定。换句话说，把你的父母扔到垃圾桶。你需要你的父母做什么呢？

Q：是的，谢谢你。这就是你之前说的那只手，你说手瘫痪了，所以我想握你的手。

F：对于父母或者其他对这个人过分有雄心的人，我们经常极其需要让他们失望。

Q：这两部分的体验，我们总是在台上看到的，我们自己和其他人身上的这两部分——如果这两部分——如果它们相隔太远，以至于它们就像，你知道，声音，或者一些"在别处"的东西，这个技术仍然可以被用来整合吗？

F：是的。如果你知道了对的极性，你从斗争转到彼此倾听，然后整合就会发生。总是关乎战争还是倾听的问题。这是非常难理解的，因为这是困难的极性。如果你有耳朵，那么整合的道路是开放的。理解意味着去倾听。

Q：设想我们可以做同样的事情，无论是我们自己还是和别人在一起，这有什么风险？我见过很多业余的弗里茨·皮尔斯。

F：我也见过这种情况。这正是我想反对的——整个庸医行业，任何经历过几次相遇治疗的人，就出去做相遇的工作了，这和做精神分析一样危险。

我想说一点儿伊萨兰的历史重要性。伊萨兰是一个灵性的殖民岛。伊萨兰是一个机会。伊萨兰已经变成了一个象征，一个与德国的包豪斯很类似的象征，在那里众多不同政见的艺术家汇聚一堂，从这个包豪斯催生出一种传遍全球的艺术。伊萨兰和格式塔不相等。我们活在一种共生关系中，一种实际的共生。我在这里一所漂亮的房子里生活和工作，但我不是伊萨兰，伊萨兰也不是我。这儿有很多人，很多不同的治疗形式：灵魂的、灵性的、瑜伽的、按摩的。所有想要被听到的人，都可以在伊萨兰举办研讨会。伊萨兰是一个机会，已经成为正在进行的人本主义革命的象征。

我想要说的第二点是，这里有相当多的项目，我想要区分两种项目，一个是成长类的项目，另一个可以被总结为即刻疗愈的谬误——即刻的快乐，即刻的感觉-觉察。换句话说，我想要告诉你们，我不属于"鼓动兴奋者"。上周我们见识了另外一种"即刻"，即刻的暴力——一个练空手道的中国人，很多人都严重受伤，我认为我们从电视和连环画上已经接受了足够的暴力教育，我们无需伊萨兰来强化这一点。

Q：我想问一个问题。我曾尝试读你的《格式塔治疗》（Gestalt Therapy），但是我希望这个团体中的思想者或者此类的，可以用很简单的语言写一本书，解释同样的理论，如果他们可以的话，这样没有受过专业教育的人或许也能真的有所收获。这是不是一个——我知道有时候不使用技术术语书写相关的话题很困难。

F：你觉得我在这里的语言太专业了吗？

Q：不，但我觉得那本书是如此。

F：我什么时候写的那本书？1951年。不，我现在更喜欢拍摄影片或做其他的去传达我的观点，我相信我已经发现了一种更简单的语言。事实上，我相信如果我不能以不同寻常的方式表达我的观点，那么我的信息是不够好的。我在慢慢地学。

Q：皮尔斯博士，你能——因为你已经形成并体验过格式塔治疗，我想要确定，我想听你说，它似乎是一个发现的过程。然而我认为人们可以让自己去满足治疗师的期待，比如，我坐在这里看到一个又一个的人有极性、对立的冲突，我认为我也可以做到。但我不知道它有多少是自发的，尽管我知道它感觉是自发的。你长时间和人打交道；是我们迎合你，还是你发现了我们？

F：我不知道。我关于学习的全部定义是——学习是发现有些东西是可能的，如果我帮助你发现解决一些内部冲突是可能的，可以在我们的内部战争中获得停战协定，那么我们就已经实现了一些东西。

Q：你感觉工作坊——你感觉观众，是发生相遇的必要部分吗？如果你独自一人，只有那个与自己相遇的人，能做到吗？

F：你能做一个陈述吗？

Q：好吧，我想的是，怎么——

F：这不是陈述，它还是个问题。

Q：好吧，我个人认为在台上发生过的事，没有观众也可以做到。

F：好的，现在我们听到了你的陈述。

Q：皮尔斯博士，我很享受看你工作。这些已经来到不同的认识和突破的点的人，随后会怎么样呢？你会建议他们做什么？

F：没有建议。你需要找到你自己的路，就像你找到走向我的路一样。

Q：一个人通过与自己的对话能同样获益吗？一个人能从中获益吗？还是我们注定要徘徊——联想，等等，直到我遇到像你一样的人，指出一些像是那样的事实或者事情？

F：我认为我回答过这个问题了。

Q：我不明白。

F：这取决于这两部分是倾听还是战斗。拿任何一个历史上或你自己的例子来看。如果美国和北越南彼此倾听，如果联合国的不同派系彼此倾听而不是走开和斗争，如果丈夫和妻子可以倾听彼此，世界就会不同。

Q：但是有时候有客观事实——我的意思是，有两部分，一部分说这个，另一部分说那个，是否有倾听，你可以通过，比如说，如果结果是好的，那么这就是他们倾听的一个标志，但这是在回避问题。你怎么提前知道他们是否会倾听呢？/F：你不能。/你不能想象一个他们彼此倾听，却没有任何东西发生的情境吗？

F：可以。然后战争继续。

Q：抱歉。我能重述我的问题吗？

F：噢，当然可以。

Q：那么，我就这么做了。你能弄清楚他们是不是倾听彼此吗？你通过结果来判断，仅仅是通过评估过程本身的过程来判断。你能在这里判断他们在彼此倾听——你不知道会有什么结果，但是他们在彼此倾听吗？

F：是的，我可以通过声音语调、姿势精确地区分。

Q：另外一个问题。有一些案例你结束得很快，你与一些人结束得非常迅速，在另外一些人身上花的时间非常长，有时候我有一种印象——你不想卷入某些方向。

F：你完全正确。

Q：你能详述这种区别的标准吗？

F：是的。一旦我看到我有可能无法完成一个情境，有可能让这个人晾着，有一些我不能在这种环境中处理的东西，我就会拒绝继续。这个研讨会的唯一目的就是表明我相信格式塔治疗是有效的，你不需要在沙发上躺上几年、几十年、几个世纪。这就是我想要演示的全部内容。

好了，谢谢你们。

密集工作坊

接下来的逐字稿来自四周密集格式塔治疗工作坊的录音带，录制于 1968 年夏天，涉及伊萨兰学院的 24 名参与者。它们演示了——尤其是通过与同一个人的连续工作以及团体互动——之前周末的梦工作研讨会所没有体现的格式塔治疗的某些层面。

扮演梦的角色

弗里茨：现在，我想让所有人对你的梦讲话，让你的梦回话——不是内容，而是就像梦是一个东西一样。"梦，你让我害怕""我不想了解你"，或其他的，让梦回应。（所有人对梦讲述几分钟……）

那么现在我想让你们每个人扮演你们的梦，比如，"我只是偶尔来到你身边，只有一些片段、碎片"，或者任何你体验到的你的梦的样子。我想要你们成为那个梦。交换角色，所以你就是梦，对整个团体讲话，就像你是对你自己讲话的梦。

内维尔（Neville）：我愚弄你，不是吗？因为我全是关于你的重要事实，我不允许你记得我。这点让你烦透了，是不是？迷惑你，我让你抑郁的时候，我高兴得不行，看着你随着时间沉得越来越深。如果你多关注我一点儿，你就能轻松记得我。所以我和你玩捉迷藏，我有点享受你的不舒服。我愚弄你们所有人。我和你玩游戏，然后躲开你，所以我让你们所有人困惑……我让你看到一个不同的我，是不是？

格伦（Glenn）：我不经常出现，形象模糊，因为你似乎不是很理解我。如果你更关注的话，我会更有看头，但现实是，你对我关注很少，所以我就为你做些粗制滥造的工作。

雷蒙德（Raymond）：我是偷偷摸摸的。你知道我在这里，但是我不会让你知道发生了什么。

布莱尔（Blair）：我会让你感觉神秘。我将会是象征的、不可穿透的……一直让你困惑……不清楚。

鲍勃（Bob）：我完全被圈在迷雾中，就像雾里的山。即便雾散去，你也很难从我这里获得东西。

弗兰克（Frank）：你不应该为我感到羞愧，你应该多出来见见我。我感觉我能帮助你，我想多见见你。

莉莉（Lily）：我可以看见、听见、感觉、讲话、触摸，并且做任何你想做的事情。

简：（Jane）：我欢快、兴奋、有趣。我会真的让你打开，然后当我们到达结尾的时候，我会让你关上。并且你不会看到结尾，然后你会一整天噘着嘴到处转，因为你没有到达结尾。

萨莉（Sally）：不是我们在打扰你的睡眠。如果我们能找到你倾听我们的机会，那么在此之后，我们会变得清晰，就像闪电一样，很震撼。我们会震撼你，但是你会在片刻间抖掉它，当你醒来的时候，你会带着我们着手处理白天的事情。但是如果我们继续这样做的话，一遍又一遍，最终，你会发现什么都不对。你会试图隐藏所有的错误、所有的眼泪，但是我们会在那里令你沮丧。

阿贝（Abe）：要对你自己够好，记得我们给了你一些非常好的时刻，通常是有意义的，有时候是充满力量的。最近我们带给你恐怖——吓人的恐怖，而且最近你离开了我们。

扬（Jan）：我认为你不是真的想要记住我或者了解我，我没感觉你想要享受我。每次我真的让自己靠近你，你总是说："好吧，我太累了，不能把你写下来或者注意你。也许早上我会做。"我感觉你仍然试图回避我。

弗格斯（Fergus）：我很奇怪。我是你唯一诚实、自发的部分，你唯一自由的部分。

托尼（Tony）：我为你感到遗憾。

南希（Nancy）：我不会给你了解我的乐趣，或者让你享受长大的感觉。

丹尼尔（Daniel）：你知道我是由所有白天未完成的小片和碎片做的，我拥有它们比只是忘了它们更好。此外，有时候我很漂亮、很有意义，你知道我对你很有益处，特别是当你仔细看我的时候。

史蒂夫（Steve）：我是一个多种颜色的斗篷，突袭、占据你，给你力量。

克莱尔（Claire）：你只是在玩游戏，而我真的是一切。你可以永远等待我。

迪克：你很能觉察到我的存在，但是大多数时候你忽略我。

特迪（Teddy）：我是一个非常有创造性、有趣的情境。是你在清醒生活中从来没有想象过的情节、作品。我更有创造性，我更吓人，我不是以画面出现在你面前的。当我在的时候，你知道发生了什么，之后你会忘记。但是我不在电影里，我是一种知识。你想在画面中看到我，但是我不会出现。

朱恩（June）：我会让你痛苦，我会摧毁你，我会包围你、压制你，让你感觉就像无法呼吸一样。我会留在这里，坐在你上面！

弗里茨：嗯，可能你们注意到了其中好几个人有一些有意思的东西——梦是你隐藏的自我的象征。我想要你们在团体中对此工作，越来越多地把那个你想象是梦的东西表演出来。我不知道那些扮演他们的梦的人是否能意识到梦暴露了自己的多少东西，但是我很确信你们大多数可以轻易察觉那就是你不想拿出来的部分。如果你们按字面意思理解我让你们做的，把你的梦当成一个人来扮演，这些指导就完全是胡扯。你怎么能成为你的梦呢？当你去表达它的时候，它却变得如此真实。你真的会感觉到它就是此地的这个人。有时候，如果这个人优雅、自信地戴着这张面具，那会是个惊喜。比如，你们注意到朱恩暴露了多少东西。我不知道你们有多少人见过她巨大的破坏力量，它清晰地展现了出来。很精彩。

朱　恩

朱恩：梦开始于一辆汽车上，汽车停在一个巨大的像洞穴一样的地下停车场里，在一个火车站附近，我是一个小女孩，我大约只有七岁……我的爸爸在车里，坐在我旁边，他看起来体型巨大，很黑。没有灯光，断电了，我知道他是带我去火车站，把我送上回学校的火车，因为我穿着我的校服，我的蓝色水手衫，我的蓝色裙子，外面有空袭，所以我们必须待在车里，炸弹正落下来，声响巨大。

（单薄、微小的声音）我很害怕。爸爸，我很害怕。我不想上火车，我也不想回学校。（很虚弱地）我只想与你和妈妈待在家里。

（严厉地）你是害怕炸弹吗，朱恩？还是你害怕回到学校？不要害怕炸弹，因为这是一个梦，而且汽车会保护我们。

（虚弱地）我只是不想回学校，我不喜欢那里。

好吧，我乐意让你远离学校，我乐意让你回到宾馆，让你在家附近的学校上学，但是你妈妈不想让你回去……

（抱怨着）但是你制定了规则。

我没有制定规则。我需要和你妈妈一起生活。

但是在掉炸弹。

弗里茨：成为那个飞行员……

J：有一种巨大的力量感，驾驶着飞机，寻找目标丢炸弹，然后只需——按下按钮。（自信地）我在控制着这架飞机，我可以把它开到任何我想要飞去的地方，我可以投下它们。扑通。脚下到处是踏板，每次我触到一个踏板，就有一颗炸弹降落。（虚弱地）我肯定让某些人害怕死了。

F：好的，仍然做那个投弹的人，去越南。

J：我可以——我可以（上气不接下气、颤抖的声音）——我可以驾驶飞机去那里，但是我不能投下炸弹！那里是真实的人。我梦里的人不是真实的……那里没有任何——甲板上没有任何按钮或者踏板，所以我不能投弹。我可以开飞机。我可以开着它盘旋，我可以低空飞行、被射击，但是我不能回击……我不想回击。

F：那么回去，再一次向汽车扔炸弹。

J：（就要哭了，无助的声音）那辆车里有一个小女孩，我不能那么做……是的，我可以……我做了。它们全都掉在车周围。

（震动着）我是车，我震动着，我被炸开了，但是车里面完好无损，车里的人是安全的，他们非常害怕。

F：虚惊一场。你不能对自己做任何事……你是安全的……

J：你不能对我做任何事，但是我可以对我自己做点什么。

F：好的，让我们再试一遍。

J：是的，先生。

F：成为投弹者，向越南人扔炸弹。

J：好吧……我现在沿着边界飞过来了，我运载着满满一机舱致命汽油弹，像果冻一样。现在我飞得越来越低，因为这次我真的要击中它，我想要看看我击中了什么……（哭着，窒息地）噢，不！……我击中了一位女士，她抱着孩子在跑，身后跟着一条狗……（哭）他们痛得抽搐！……我没有杀死他们……但是他们烧焦了。

F：那么找其他人来杀。

J：这里？

F：无所谓，只要你把杀戮从你的系统中拿出来。

J：（哭）我的妈妈……我怎么能杀死她呢？（温柔地、坚决地）我想伤害……天啊，是我想伤害……噢！我杀了她。（仍然在哭）游泳池里面全都是硫酸，她跳进去了。什么都没有留下。（笑）……（安静地）你活该。我很久以前就应该这样做了。甚至连骨头都不剩，她就那么消失了。

F：我没听清你在那儿咕哝什么。你愿意告诉我们吗？你不一定这么要，只有你想这么做的时候才做。

J：（冷静地）我向游泳池注入——我把他们的游泳池注满了硫酸，她不知道。全是透明的。

F：谁的游泳池？

J：我妈妈和爸爸的游泳池。她过来游泳，她跳进去……她——她被烫伤了。她掉到泳池底，肌肉分离、溶解了，骨头开始下降，它们也溶解了。然后又全是透明的蓝色……然后我感觉不错。我很久以前就应该这样做了。

F：对团体说这句话。

J：这感觉不错！我本应该很久以前就做，缪里尔（Muriel），感觉真的很好，我很久以前就应该这样做。感觉不错，格伦。她的痛苦感觉不错，她的死亡感觉不错。我本应该很久以前就这样做。

F：好的。现在闭上眼睛，回到你七岁的时候，变成七岁。

J：（虚弱地）好吧……七岁？……噢，天啊，我很丑，非常胖。我有着弯曲的刘海儿，它们从这儿斜到这里，因为没有人帮我剪头发，我需要自己剪。我的头发……蓬松、凌乱。我的指甲——它们都被咬下来了。从我的脖子到我的膝盖是黑色的——脏的！因为我所要做的就是扣上我水手衫的扣子，说我洗漱过了，我刷了牙，我昨天晚上没有捣乱，他们从来不解开水手衫的纽扣看看你是不是洗了手腕以上的部位。我的水手衫上有果酱和墨水……他们让我们在一个隔间的帘子下洗澡，当我七岁的时候——我七岁了，我不想在那个帘子下洗澡。（哭）铃响了，这意味着我们需要出来到大厅去，我们排成一排。（哭腔）我可以向谁倾诉？我甚至不知道，呃，没有人想要那个孩子。（恸哭）我总是会被记五个过。我从来没有得到过糖果或者冰淇淋。我吃土豆这些东西。我的奶奶给了我一盒糖果，我不被允许留着它。

我必须把它放到餐厅的一个大柜子里，和每个人分享……我甚至一点儿都没得到。（哭出来）求求你，我可以吃一个吗？下一周我就什么都没有了。（啜泣）

F：好了，朱恩。你现在多大？

J：大约九岁。

F：你自己的年龄呢？你多大？

J：我刚刚三十五岁。

F：三十五。扮演一个三十五岁的女人，对这个女孩说话。让此时的女孩对彼时的女孩说话……把她放到那张椅子上，坐在那里。你现在是三十五岁。

J：（温和地）你不是一个坏女孩，九岁的小女孩不坏，你只是很笨拙，甚至这也不是你的错……我不在乎你是不是反手写字……我不在乎你是否因为吃巧克力牙齿长洞。而且，朱恩，我不在乎你是不是胖。如果你脏，我也不在乎，因为所有这些东西真的是表面的。

F：现在我想让你回到我们之间。我想要对此讲一点儿狗屎。关于什么让你这么钟情于这个记忆，你有任何想法吗？

J：它持续了这么长时间。

F：好的，向周围看一看，看这里在发生什么。

J：我不知道。它和我此时此地所做的事情没有一丁点儿关系。

F：所以，我感兴趣于你必须拖着这个女孩，你不能放开她。

J：是的……有时候……我甚至不觉得我在拖着她。我感觉她——她坐在那里，她好像在等待别人打压我的机会，天啊，然后她就控场了，我成了一个孩子。

F：千真万确，千真万确。现在说"我在等待扮演悲剧皇后的机会"，或者类似的话。

J：呃，我可以；我不确定是不是符合。

F："我扮演你，为了获得温暖的触摸。"

J：我等待一个机会去利用你的同情和温暖，以及理解……如果我得到了，我很感激，我会感觉更好，我又感觉到三十五岁了。所以我可以应对。但是我感觉我不能应对的那一刻，我会缩小，我变小，我让其他人为我应对。

F：然后你把她拉出垃圾桶？

J：（有力地）是的，然后我拉她出来，我把她献给我自己，我接受她，我表演她，直到我发现心怀同情的人，他们被吸引，然后他们变得和蔼可亲，然后我感觉安心，然后我就可以把她放在一边。

F：现在回到她，对她讲话，告诉她你们一起玩的骗人游戏……

J：宝贝，我们在玩一个游戏。我甚至刚刚才知道。（笑）我三十五岁了，我不胖，我的手腕不脏。（笑）我可以买一盒糖，想什么时候吃就什么时候吃。我有很多深爱我的人。我有很多当我需要支持就给我支持的人，所以我需要你干吗？（笑声）

F：她怎么回应？

J：啊，她说，你不是完全确信。你知道吗？啊，我是——一个很能派上用场的小女孩。（笑声）

（大笑）也给你一个硫酸浴！（更多笑声）

F：对专业人士来说——这就是给你们展示——这是弗洛伊德分析师兜售的最出名的创伤之一。他们靠此生活个好几年。他们认为这是神经症的原因，而不是仅仅把它看成一个噱头。精神分析是一种假装成治疗的疾病。

你们知道，很难清楚展现这里发生的一切其实都发生在幻想中。神经症是精神性障碍和现实之间的妥协。朱恩坐在一把舒适的椅子上，什么都不会发生。然而所有发生在她梦里的东西都被当作真实的。这就是我们意识不到我们在扮演角色这一事实的原因。这里没有炸弹，没有杀戮，没有小女孩，这些都只是意象。我们生命中的大部分挣扎都是纯粹的幻想。我们不想成为我们之所是。我们想成为一个概念、一个幻想、我们应该成为的样子。我们有时候具有别人称为理想、我称为诅咒的变得完美的渴望，而我们做什么都不能获得满足。为了维持自我折磨的游戏，总有一些东西我们需要批判，你们在这个梦里看到自我折磨的游戏到了很厉害的地步。

格伦（一）

格伦：我感觉有点颤抖，我的胸口有种兴奋，有点抖。我不喜欢我的嗓音……感觉我的膝盖和小腿火辣辣的。我的裤子箍着我的腿。当我坐下的时候，我抓着我的裤子。

弗里茨：这和你不喜欢你的嗓音有什么关系？

G：没有，没关系。

F：你从你的嗓音跳到了你的腿……换句话说，由于你不喜欢你的声音，所以你处于中间区域……你不是在体验你的嗓音，而是在评判它。/G：我评判它。/你做了什么……

G：是的。我听到的声音不是空的或者颤抖的，我听到的声音很糟糕。

F：嗯。我注意到你从一个作家变成了一个法官。（笑声）……你看，一旦你评判，你就不能再体验，因为你现在忙于找原因、解释和防御，所有这些都是垃圾……

G：我发现就连坐在这里都很难。我在评判自己缺乏耐心，我得做点什么。

F：好，待在中间区域，进一步了解那里发生了什么……

G：我甚至不确定如何去做。我感觉（笑）我在开发票。我评判，这是可以的。这就是我在的地方，中间区域。（笑声）笑声让我感觉好多了，我感觉我在僵硬地挺着脖子，与此同时又想着，"这不是我应该做的"，我应该放松……我的喉咙很紧……我感觉像戴着眼罩一样，我不能移动我的头。（移动头）但是我可以。我感觉我在某个地方挖洞，我让我自己退到一个角落……我不想这样做……我开始感觉每个人都在评判我，你在评判我，用打哈欠的方式，你在评判我，用不安的方式，你也在评判我。

F：看中间区域是如何一点点扩展的。你越来越多地失去与自己以及世界的接触。你有一种肥厚多汁的偏执。（笑声）

G：我宁愿减少它。我真的开始感觉自己很傻。（笑声）就好像情况正好相反。现在我正在做我几天以来尝试不做的东西——待在该死的中间区域。（持续的笑声）

F：现在你对笑声做何感想？你把这阵笑声放进你的参考框架中了吗？是被解读为针对你的敌意还是……？我有一种印象，你从你的偏执中跳出来了，你刚才在享受笑声。

G：是的，很有意思。在快结束的时候，我开始重新调整、评判。（高声大笑）是的。（幽默地）就像我不能就让它这样。我已经决定要么加要么减。

F：我认为我们可以有把握地说在你的中间区域有我们说的上位狗、超我……评判你，告诉你要做什么。

不愉快需要被克服，无论是挫折还是其他极端例子，在这种情况下你要面对死的体验——真正的僵局，真正的内爆层。和一个人的死亡接触并不容易，但是除了通过那扇泥沼地狱的大门，穿越极端痛苦，没有其他的出路。我不鼓吹痛苦，你知道这点，你们知道我好过那样。但是无论何时，当痛苦、不愉快出现的时候，我愿意投身其中。

对你而言，我可以告诉你解决不愉快事件最重要的方法。你知道无聊是多么让人不爽。我应对无聊，最终，我决定无论何时我无聊了，就开始写作，无聊就转化成了写作的巨大兴奋。在每个例子中都是如此。如果你的膀胱满了，它变得不舒服。如果你继续憋着，它变得越来越痛苦。然后小便来了，小便过程是舒服的。之后，你感觉释放。所以，每一次都面对并修通，真正地和不愉快接触，这是成长和坚实自己的唯一手段。所以，我们需要做的是，越来越多地理解你在哪里恐慌，在哪一刻你想要回避你的痛，学会越来越好地处理这样的情境。

比如，就现在，进入沉重……把这种沉重看作一首歌、一首诗，进入它，如果你愿意的话，完全浸入其中……让我们从格伦开始。你发现和人接触不舒服，宁愿和自己接触。看看周围，告诉每一个人和我们每个人接触有多么不舒服……让我们尝试一些极端的东西。对我们每个人说："我不会忍受你。你太脏、太开心……"

格伦（二）

G：待在中间区域。我不——我不会忍受你。

F：你可以接纳我。

G：我不会忍受你，弗里茨。我受不了渴望你的认可的感觉，所以我回避你。

F：多说一点儿关于我的。你不愿忍受我，因为我没有给你足够的认可。

G：（咯咯笑）实际上我感觉你给了我很多的认可。我不确定……/F：够了吗？/是的，够了——

F：我不相信你。

G：好吧，好吧，我也不相信。噢，我总是把矛头指向我自己。我受不了想要什么东西的感觉，因为如果我真的和它接触的话，我得不到它。我的灾难性预期是——你不会过来，你坐着吸你的烟……

F：那么对我说这句话。

G：你坐着吸你的烟……

F：你受不了。

G：是的……呃，要我看着你很难，（声音开始破裂）因为你友善地看着我，我——

F：受不了。

G：（声音破裂）我受不了，是的。

F：多释放一点，做个人。（格伦哭）……呼吸。

G：我不会忍受这种感觉，我会后撤。

F：那就后撤，那也没关系。就一会儿，如果你还再回来的话。你离开了，后撤，为了跳得更高……你要去哪里？

G：我一直回到你这儿。啊，一旦它平息了，我就……（哭）我受不了——喜爱你——的感觉。（继续哭）想要取悦你……我发现自己现在屏蔽了你的脸，就屏蔽着……（流着泪）其中一个让我痛苦的东西是你不带期待地看着我，你没有要求，我发现这很美妙。看着你我不会觉得受不了……我如此开心……

F：现在多说两个……

G：我受不了和我自己接触。生气、受伤、咄咄逼人就容易多了。

F：扮演硬汉。

G：呼噢。我把你放到一个位置上，你就不会——对我微笑。

F：我想让你设计一段对话。两个人相遇，一个叫硬家伙，另一个是软伙计。让他们见到彼此，接触彼此。软伙计坐在这里，硬家伙坐在那里。或者你喜欢相反的方向？让我们把硬家伙放到那里。

G：是的，他就是你看不起的那个。现在坐在这里，我特别地不尊重你。

F：我猜他们谁也不愿意忍受谁。

G：是的……你不能忍受……当我变得伤感的时候。你认为最好不要显露任何东西。我不确定你是不是有那么强，我认为你只是呆板。（叹气）

是的，但是好多了。我——我——没有你伤得那么重。我摆布他人，并不时对此一笑置之。是的。你不听我说的，因为当你变得柔软，感觉和某个人亲近的时候，你不会记得我的话。

我一直告诉你要耍酷，因为如果你开始真的感觉到接触，人们就会走开，他们会后撤，他们不会和你有任何关系。没有人想要和一个黏着他们的人在一起……

（叹气）你这么孤独！我至少知道我是孤独的，你认为你只是一个人而已。如果我不感觉——如果你不允许我感觉与人在一起，如果你不感觉——让我去感觉，以便我可以伸手触碰——

F："伸手触碰。"你的右手在做什么？

G：在伸手。

F：在伸手，嗯。/G：（温柔地）哇。/现在换，换手。/G：好。/再说一遍并且交换。

G：因为当我伸出这只手的时候，我可以感觉我的手指在颤抖。

F：让它继续发展。

G：不，我想要伸出来，但是我感觉没有人想要我触碰他们，我同时感觉我是不——不可触碰的。

F：现在用你的右手再做一遍。

G：再做一遍。我——（右手握成拳头）

F：好，从这里开始。

G：这样感觉真不错。

F：现在用你的拳头触碰他。

G：这也有效。因为硬家伙不那样做。或者——那很奇怪。硬家伙不是——哭泣的婴儿也是唯一用拳头和某人接触的人。他什么都不会做。

F：现在打开你的右手，伸出两只手……

G：（沉重的呼吸）……好。我不想忍受……（哭）我伸出两只手，我感觉它们渴望什么。

F：现在用两只手的拳头接触。

G：我猜……我不介意我的拳头。

F：好，那么又是这个硬家伙了。再握拳。

G：我感觉我没有这么硬。我不会——我不会。/F：再说一遍。/我就是不会。就是——我不会！

F：更多地用你的脚表达。

G：我不会，我不会，我不会。

F：你的手在做什么？

G：它们在抓。

F：它们在抓。

G：是的。

F：那么对你的椅子讲话。

G：椅子，我在抓着你——你——我会确保你就在这儿，在我下面。我也抓着你，因为这很痛……我不知道为什么我这么紧地抓着你，我抓得都疼了。你让我去我想要去的地方。我坐在你上面。

F：现在伤害椅子。（格伦揉搓着椅子）抓着妈妈，伤害她。

G：嗯……我很痛苦。

F：嗯？

G：我很痛苦。我伤害你，妈妈，尽管是用什么都不做的方式。

F：你的肛门有什么感觉？

G：是紧的。

F：憋住你的屎。

G：好。

F：现在让你的括约肌和屎相遇。

G：（笑）括约肌，嗯？就是这个家伙。不，我说憋着，不要放松。如果你打算把我推出来，你就死定了。对。坐在那里憋着让我有种满足感。

F：你现在明白你的情绪便秘了吗？

G：是的……

F：好，现在你的肛门有什么感觉？

G：仍然感觉很紧，但是我能感觉到它。不仅仅是一种——

F：闭上眼睛停留在紧的感觉上。让任何想要发展的东西发展……

G：我想要爆炸，我感觉非常不好受。

F：嗯……

G：我不舒服。（大笑）我的胃似乎在说："如果你可以放松的话，不是很好吗？"

F：让我们说一些虚假的句子。重复这句话："我不会被生出来……"

G：我希望不要……哇哦……我不会被生出来。（大笑）我不会被生出来！哈啊！现在我抓到你了。我……我不会……我想这是不是臀位分娩？我不想出来。我想要恶心你。我感觉我会笑出来。我想要坐在这里说"现在我抓到你了"（沉重的呼吸）……现在我在和你接触。（挑衅地笑）你打算把我推出来，你再也不能这么做了。你曾叫我要强硬，这就是你认为的。

F：好的，回到我们中间。

G：金尼被空气围绕着。你在我看来如此清晰。我把你看成一个独立的、美丽的人。

F：你现在更感觉在这个世界上了吗？

271

G：（战栗地）我很开心和这部分……相处。很清楚。

F：我认为我们没有完全清空症状。但是我认为我们现在让它重回了焦点。

海伦娜

海伦娜（Helena）：我感觉很沉重，沉重地坐在椅子上。我感觉到地板，我脚底——我双脚的脚底和脚后跟放在地板上，感觉很难受。我的一只脚正上下移动，脚踝受伤了。我看到弗里茨闭着眼睛。我听到他的呼吸声……丹尼尔的脸看起来很忧虑……我感觉我的脸颊红了。一只温暖的手在寒冷的手下面……我可以听见机器的声音，很安静。房间似乎很安静，寂静。弗兰克看起来困惑、不耐烦——那是评判。我看见你的腿在动。我又感觉脸颊很热。我看到你把头转向另一边。我看到你的眼睛……（长时间停顿）

特迪：（温柔地）你没事吧，弗里茨？

弗里茨：嗯。太好了……（低沉，带着兴奋感）我正经历一个非常强烈的体验。我不知道我是否——如果我能记得我有这个体验——如此充分地在那里，没有任何角色扮演，或任何想要联结的意图，或类似的。完全一体的整合，努力让身体全都在那儿。剧烈的颜色体验，我不能靠近它，它如此强烈，以致片刻之后我觉得我受不了了。我之前有过一点儿类似的体验，当我第一次听巴托克的小提琴协奏曲的时候，我当时想，要么是我疯了，要么是我懂音乐了。

H：我以为我说任何东西都是无意义的，因为一些很强烈的东西在这里发生了。

F：你感觉到了。

H：是的，这就是我不能讲话的原因，我就是说不出来。

F：真是难忘的体验，就像外部和中间区域完全合成一体，中间什么都没有。只有一个世界……（长时间停顿）

H：（重新开始）我意识到我在审查很多东西，我看不到个人的脸而是一团颜色和图形，没有任何具体的东西……我感觉非常分离。这不是真的，这是一个谎言。我没有感觉分离。啊！啊！我在椅子上感觉非常舒服，内在平静。我舔了下嘴唇，它们很咸。我注意到朱恩的眼睛，它们像两个黑色大理石球，她的衣服就像是一个挂毯。迪克看起来像从画里走出来的牛仔，只是他需要一把枪……现在我的心脏跳动加速，我变得更兴奋……

F：兴奋和之前的情境——他看起来像牛仔，有什么关系？

H：我眼中的他活过来了——一个人物——而不仅仅是和墙混在一起。他突然从墙上伸出脸来，戴着三角帽，朱恩，然后是迪克——我感觉我的心脏开始跳动。我感觉开心。

F：他活了吗？

H：在我看来，是的，在我看来。

F：你也活了吗？

H：是的。我开始对看感到更加兴奋，就像一个面纱掀起来了。迪克不仅仅在那里抽着烟，而且他成了一个完整的人物。还有朱恩的眼睛和裙子——她也变成了一个人物。

F：回到你自己。

H：我感觉我的手、我的胳膊、我的腿，都很麻，而且我的头感觉非常紧，不是整个头，只有头后面感觉很紧，但是前面——这里——有一种压力贯穿前额。我的心跳得更规律了，但是我这里仍然有轻微的感觉，顶部和后面，很轻微……简看起来就像来自布鲁克林，出自那本书，那本关于黑帮的书……

F：基本上我喜欢你体验到的。但是我感觉……你在做新闻报道，这种感觉很干扰我。

H：嗯……我在报告。

F：我感觉不只是报告，而是在做新闻报道。

H：哪个报道？

F：所有事情都是为下一周的下一个问题所做，格式塔治疗期刊或类似的。让我们介绍一点不一样的因素。你每次出来都使用"你"这个词，然后回来并使用"我"。在你和我之间穿梭。

H：当我谈论其他人——你的时候。外面……我感觉卡住了，我觉察到我在评判我自己，觉得我在这儿是个笨人，想着接下来说什么。我觉察到我把双手放到一起了，变得不耐烦……哈！……我发现我很烫……金尼的裙子很鲜艳，你的裙子很鲜艳。我仍然在做同样的事情……（讽刺地）你的裙子真鲜艳！

F：让我们从报告人换到小丑。

H：至少更有活力。

F：扮小丑总是好的解决之道。当其他人偏执的时候，你就成了一个小丑。区别不是那么大。你们看，偏执的人利用一切他想利用的，一切实现他的攻击所需要的材料。偏执的人在寻找战争，所以他寻找受伤，以及所有的东西。同样，小丑使用一切他所能采用的来实现娱乐的目的。好，到此为止。

布莱尔

布莱尔：我和你有一个未完成情境，弗里茨。

弗里茨：是的。

B：（无声的愤怒）我不知道昨天晚上你想拉什么样的格式塔牛屎，当我问你要一根火柴的时候，我想要的只是简单的有或没有，可当我问你要火柴的时候，你给了我一串不相干的话，直到我说出了对的字词组合，你才拿着火柴过来了。还有另外一件事情，如果我——如果我想要一个关于社交礼仪的布道，我会自己问你。在我看来，只有当我从那张该死的椅子上起来的时候，你才进入了我的生活空间。我不感兴趣。

F：（温和地）那么我应该做什么？

B：只要当我问你要火柴的时候，不要让我的头脑混乱。你可以说有或没有，这就够了。当我需要你的时候，我会让你知道，我会去那边的热椅子上。

F：你犯了一个错，你没有跟我要一根火柴。

D：（大声地）噢，问了，我问你了。如果你问"你有火柴吗"，99％的美国人——十岁以上的——不会过来说"是的，我有根火柴"，或者说些抖机灵的胡话。你知道我的意思。你为什么到处搞事情？

戴尔：这些都是不诚实的人。

B：哦，戴尔不要把屎盆子往我头上扣。

F：你是为我辩护吗？

戴尔：噢，不不不不，我只是告诉他。（笑声）不，你自己做得挺好。

B：（仍然生气）都是牛屎。这就是格式塔游戏，如此而已。你不能诚实地看着我，说你不知道我想要一根火柴。

F：（害羞地）噢，我知道你想要一根火柴。

B：那么你为什么还放那些臭屁？

F：因为我放那些臭屁，因为我是那百分之一！（笑声）

B：噢，天哪，我想离开这里。

F：这是一个很好的怨恨。

B：你知道，我这样做的时候，我甚至不再怨恨你了。（笑声）（布莱尔挥动手指向皮尔斯做出警告的手势）当你坐在那张椅子上的时候，你赚着你的钞票，并且——（弗里茨模仿布莱尔伸出的手指）是的，"坏人"（bad boy）。（笑声）你是一个——好吧，你按你的规则，我按我的。只要不——我的规则是，当我要火柴的时候，你知道——就给我。（笑声）给我一个直接的回答。

F：那么你也能欣赏我做的吗？

B：当然。让我告诉你，（笑声）我不是唯一一个被那样对待的人。但是那也不会让我不生气。事实是——

F：事实是两周前你是那个说废话、贫乏的人，现在你展现出了真正的愤怒。

B：嘘！我之前不是说废话、贫乏的人。（笑声）不，那是一个事实……我有其他想要说的……这是我想要说的。事实是，我喜爱你，但是这也不会阻碍我有时候恨你的德性。

F：当然不会，我希望如此……但你传递出来的就像恨是不好的，你"不应该"恨。

B：今天早上我有几种感觉，弗里茨，我某种程度上享受其

中。(笑声)

F：好的，谢谢。

我发现觉察中存在的主要困难是我们想要达到的此时过程（now process），对自己的活动没有觉察。让我们再说清楚一点儿。对大部分人而言，只要有一点训练，就可以很容易发现周围发生着什么，发现颜色、人等。同样，发现你自己的身体感觉和情绪，也是相对容易的，除非你真的是去敏化的。但是很多人分裂了，他们不能意识到自己的活动。在中间区域进行着如此多的东西，比如"我在预演""我在玩符合的游戏""我来是为了愚弄你"。这种对活动的觉察，知道自己在做什么，是我想要你们特别关注的。这可能就是一些人能够敏锐地在其他人身上看到很多，却不能和此时觉察（now awareness）、现实以及自己接触的主要原因……好了。

缪里尔（一）

缪里尔：(温柔、敦厚的声音)现在我觉察到我深深地坐在椅子里。椅子在我大腿下面和后背支撑着……呃——

F：你看到一个活动的投射。椅子在支撑你，就像椅子在为你做些事情似的。

M：嗯，我感觉就是这样的。啊，我很开心它在那里支撑着我的大腿……我感觉它在我后面，也在推着。我正向后靠着它，它是……均匀的。我感觉我在我头后面很远的地方。我觉察到我的眼睛在上面，看着这三个类似螺栓的东西和横梁，我看到一个大横梁分开了两个半圆……横梁是如何——噢！

F：你发现了一些事情？

M：是的，横梁和画里面那个垂直的东西……是一样的，我想是不是……呃，画是就这样被画出来的还是当它被挂在那里的时候发生了什么（笑），在横梁和画之间。

史蒂夫：是阳光。

M：（既好奇又吃惊）是阳光。现在我注意到在房间里还有其他人。我看到萨莉穿着深蓝色与白色相间的日式衣服，你看起来精力非常充沛，有精神头。

F：你能稍微详细描述一下那种蓝色吗？是什么样的蓝色？

M：穿过胸口的那一块几乎是黑色的，当你——往下到胳膊的部分，它变浅了，嗯，我看见编织而成的白色长方形轮廓。现在我注意到它底部的粉色和蓝色，以及你金色的结婚戒指。

F：好的，帮我个忙，尽可能地使用发现（discover）这个词，因为它之前没有出现。通常来说，理解这种现象的理念很困难……世界存在，但是在你发现世界之前，它不存在。在你看见它之前它一直是个概念。所以现在你发现了，现在你通过一些新东西丰富了你的世界。现在闭上你的眼睛，也看看你是否能在你的世界里做到同样的事，开启发现的旅程。

M：我发现两个眉毛在向下压……我发现我的手指很沉重，在向下垂，呃，我的意思是，悬着，沉重地悬着。呃，我发现我的双眼前有一种红色的颤动的东西，我的眼皮在颤动，我看到了红色的振动波。

F：让我再强调一下发现的人和老生常谈的人之间的区别：一个发现的人，总是发现一些新的东西，与维持现状的人相比，发现的人的世界变得越来越丰富，会出现更多的新东西和体验。

M：再闭上我的眼睛？/F：对的。/我发现我的头顶上有一种旋涡状的运动。呃，当我呼吸的时候，我在顶部深呼吸并收紧我的肩膀。感觉不舒服。呃，我仍然在这样做，这是令人吃惊的。我感觉，呃，陷在我头上方的旋涡里了；我不会继续。感觉它在上升。（叹气）当我那样呼吸的时候，它停止了……（睁开眼睛）

F：啊，你回到我们这里了。你在这个世界发现了什么？

M：我发现海伦娜看起来像是一尊雕塑（笑）……我发现迪克咧嘴笑，我发现鲍勃还像以前一样忙着写。

F：真正的发现的本质是"啊哈"体验。一旦有东西"咔哒"启动，归入其位，每一次一个格式塔闭合的时候，都存在这个"啊哈"声，认识的冲击。所以你在外在世界的旅行非常成功，那么现在回到内在世界。

M：呃，我不想。我会做是因为你告诉我这样做……嗯，我这里微微绞痛，我的按摩感觉舒服，真的很好……又一次，我在我头顶……我体验到不想继续。

F：你是如何体验这个"我不想要继续"的？

M：嗯，我在我的胸部做了一个下降的动作，然后它影响了上面这里的部位，然后停止了……我睁开我的眼睛，弗里茨，我……

F：你觉察到你的微笑了吗？

M：没有，现在我……呃，我想要微笑，睁开我的眼睛，并且——

F：你看，中间区域有东西在继续。在"弗里茨告诉我做"和"我不想要做"之间存在冲突。多一点对中间区域过程的觉察。

M：现在睁开眼睛我感觉更安全……一旦我闭上眼睛，那个旋涡就会出现在我的脑袋里。

F：你能每隔五秒钟这样做一次吗？眼睛睁开五秒钟，再闭上五秒钟，然后回到旋涡，然后再回到现场，再回到旋涡——看看会发生什么。

M：啊，你看起来很感兴趣，特迪，这让我开心。鲍勃的手指压在他的嘴上，就像要让其保持关闭。（闭上眼睛）这个旋涡在向后推我的头，这就是我之前抗拒的……呃，我发现在那儿很难回话，但是出奇地舒服——噢！

F：那么回到我们……

M：我在弗格斯脸上看到了兴趣，这让我开心……萨莉，你闭着嘴——我在寻思这点。

F：那么，回到你的内在世界……

M：我的头想要被托着。（头靠在手上休息）……我越让它休息——噢，哇！这不错……如果我让它自由，旋涡就把它推到某个地方，当我用手让它休息的时候，我的手在托着它，然后我就感觉不到旋涡了。

F：那么，回来……

M：简看起来像是一个猫女，从她的头发后面看。

F：闭上你的眼睛……你的体验？

M：颤抖，嘶哑，清清我的嗓子，眼皮后面颤抖。/F：睁开你的眼睛。/

我不想看人。/F：闭上眼睛。/

更强烈的旋涡。/F：睁开眼睛。/

我真的不想看人。/F：闭上你的眼睛。/

比之前还强烈的旋涡。/F：睁开眼睛。/

我不想看任何人。/F：闭上眼睛。/

我的眼睛现在真的在颤抖，我在握着我的手，托着我的头。

F：你现在能尝试整合这个吗？看着我们，同时注意旋涡，让旋涡与你同在。可能非常困难，但是尝试……

M：嗯，噢！/F：怎么了？/我刚看见——就像后面有一个光环——嗯，萨莉的头，当我看特迪的脸的时候，我看见你肌肉下面的轮廓——骨架。（温柔地）哇，哦——

F：一点儿发现，向前一小步，一种新的看待方式。再闭上你的眼睛。

M：我想让它们睁着。（闭上眼睛）现在我看见——某种磷光一样的形状，是特迪，我不知道——噢，是弗兰克。

F：呀，你带着它们回来了。好了，这就是到目前为止我想要到的地方。所以，我可以有些反馈吗？

简：我全程都很感兴趣。

弗兰克：非常精彩，精彩。这显然是一个解释：你抑制给予你自己美丽和丰富。

戴尔：后面的旋涡，你一直不想接触它。当最终你允许自己去做的时候，那非常美丽。

F：重要的是，没有一句话是虚假的。

M：这让我很受用。

F：这是整合内部世界和外部世界的一个非常好的例子。当它们合二为一的时候，**哇哦！**然后就没有中间区域的干扰——没有解释、诠释、判断这些东西。这是关键时刻——千篇一律的陈词滥调与新鲜的发现之间的区别。为你的生活、知识、成长增添新的东西。这个世界上有一些之前不存在的东西。这只能经由与现在的接触而发生。

缪里尔（二）

缪里尔：当我扫视这个团体的时候，我发现我自己在进行一些悲剧性的再见场景。无论它是什么，是时候了解它了。

我的梦就在这里。我今天早上起来的时候，它就出现了，一整天立在那里。/F：在你的右边。/是的，就在那里……而且整件事感觉还挺舒服。它告诉我它在那里，它将会留在那里，我没有任何选择……"是时候了"，"开始着手"，然后在正前方，在那里，就是我昨天在镜子里看到的人，一个我不认识、以前也从来没有见过的人。我不知道她是谁……

F：那么你现在在哪里呢？

M：（就像醒了过来）噢！我在世外桃源。我遇到了一个陌生人，陌生人倒着走路，倒着——

F：你现在在那里？

M：嗯，这地方很白。

F：你从来没有服用过毒品？

M：没有！

F：你能看见我吗？

M：能，当然。

F：你能看见其他人吗？

M：能。当我看的时候，每个人我都看得很清楚……现在我很困惑，就像某件事情很重要。我认为当我停留在此时——就是这个小练习——的时候，我头上有旋涡，做了一点整合——之后我想，是的，那就是我吸了大麻的时候做的事情……

F：那么在你的体验和你对团体的体验之间穿梭。

M：嗯。你现在看起来像巨石脸……在里面我可以——我听到我的心跳声，砰，砰，砰……房间似乎很明亮，灯光似乎很明亮。你盯着我，弗格斯。你让我看起来好像死了一般，你的睫毛在动。

F：是的，像一张阿尔弗雷德·希区柯克的照片。

M：（笑了几声）你的头发乱糟糟的，看起来像一个小精灵或者小妖精……（闭上眼睛）我的脚刚才说："不是这样。"就这样……我的手冰冷，当它们移动的时候，我可以感觉到它们周围的空气，像是按摩的感觉。我闭着眼睛也可以看到它们，都是深色的。（睁开眼睛）噢，天啊！（仍然温柔地说）这里有很多灯光，我立即去了梦里，梦里光线不足，我不能看清……

戴尔：我感觉这整个房间在另一个层面上"升起来"了。我的意思是，就像没有人是真实的，或者……就像我甚至感觉不到你在那里，弗里茨。（笑）让我们都飞到月亮或其他星球上去吧。我不知道。

简：是的，我感觉也是。

M：现在我害怕告诉你们我刚才看到的，因为它就像吸毒后的感觉……萨莉，你的脸颊是粉色的，像一个瓷娃娃，你深深凹陷的深色眼睛从后面远远看过来。

F：你知道吗？你是对的。

M：是的。（笑声）噢，谢谢，爹地。

F：但是就这些吗？

M：是的！

戴尔：噢，诶呀，哎，我想要更多。

M：更多什么？噢，我喜欢看你的脸，萨莉。

F：那么回到你自己。

M：噢。主要是不耐烦的脚。现在我的头很沉重。这周围有大量沉重感——到处移动……现在我感觉到一种巨大的平静和静止降临在每个人身上。我忙着……这很恐怖，弗里茨！

F：对的，非人化，这很恐怖，当然是恐怖的……这是一个没有灵魂的世界，像辉煌的杜莎夫人蜡像馆一样。

M：（窃窃私语）噢，哇哦……这就是我刚才感觉到的。

F：嗯。

M：我感觉害怕。

F：更多和你的内在待在一起……

M：现在我感觉到一种迹象——我睫毛非常微弱地颤抖，非常微弱。通常我的内在有很多东西发生，尽管我没有看到任何东西。

F：好的，回到我们……和我们说再见。

M：我不想说再见。

F：嗯？

M：我不想。

F：我想让你这样做。你一开始就提出了这一点。

M：是的，我知道，感觉就是如此。（虚弱的声音）拜拜，阿贝，有时间再见，也许……再见，迪克，祝你摄影获得快乐……再见，简，我不知道我们是不是还能再见。（声音强了一点）我之前和你说过再见了……再见……我已经做过了。再见……嗯……（几乎听不见）再见，特迪……（对弗里茨）你也是，哈？

F：嗯……

M：（叹气）我不想和你说再见。

F：你想要什么？……

M：（叹气）我真的不知道……好吧，再见。（叹气）显然那意味着"不要看……"

F：当你说再见的时候，你双腿交叠着。

M：对，也关上了。（快速地）再见！

戴尔：我觉得你没有真的和弗里茨说再见。你发出了一个声音，然后你——

M：我对他说了再见，就像我对其他人说了再见一样。

戴尔：噢，不是。你和特迪停留了很长时间。

M：我担心如果我真的那样做的话，会很恐怖。

F：正是如此。

M：嗯，说真正的再见和死亡是一样的。

F：嗯。

M：所以——

F：所以，你不想让我死。

M：不想。

F：你为什么反对？

M：噢，我想要你在旁边，这样我就可以和你在一起，当我有足够的胆子我就可以坐在热椅子上，如此一来你就可以治疗每个人……我刚才感觉麻木。

F：好的，闭上眼睛，进入你的麻木。（她叹气）对，这对了。

M：嗯？

F：这是对的，是的，进入你的麻木。

M：我立即换了一张脸。它非常非常沉重，尤其是在我的脸上……并且……嗯，就像一些厚重的东西黏在我身上、我的脸上，现在它向外扩张……呃……我不是……

F：接下来的仅仅是一个实验，我不知道它是不是有效，我们是不是在对的轨道上。你能和你的镜子说再见吗？

M：我感觉我在镜子里面，现在……我立即看到我自己大约八岁。

F：好的，和那个八岁的女孩说再见。

M：你真的会离开吗？是的，她说是的。现在她转过去走开了，就这样消退了，什么都没有了。

F：回到镜子。你能对那个人说再见吗？

M：我不认识那个人。

F：讲话——是男性还是女性？

M：她——是我。

F：嗯，首先你需要和她熟悉。

M：现在我真的感觉到了。

F：嗯……

M：（叹气）她就在镜子里。

F：对她讲话。

M：你是谁？我以前从来没有见过你，我不认识你。我感觉……我感觉我不认识你。我以前从来没有见过你。通常你的眼睛看起来不那样。

F：她的眼睛现在看起来什么样？

M：它们是棕色的，它们是我的眼睛，它们是棕色的、张开的，而且——而且——每只眼睛里有一个小亮点，大小大约是我平时在镜子中看到的十二分之一，然后每只眼睛里有一个类似死斑的点。就像这样。

F：现在换座位……

M：她什么都没说。她只是看，她的表情也没有变。

F：给她一个声音："我一言不发——"

M：我一言不发。我只是——我在这里，向外看你，向外看你。我感觉我没有任何生命力，你在我眼里看到的这两个小点，是外面来的光，不是来自我。

那么，你来自哪里？你知道，我不是那样的，你是我在镜子里的映像，所以……

F：再说一遍，我不是那样的。

M：我不是那样的。/F：再来。/

我不是那样的。/F：再来。/

（更大声）我不是那样的！/F：再来。/

你不是我！/F：再来。/

（声音巨大）我不是那样的！/F：再来。/

（颤抖的笑声）我不是。

F：你的声音变得更真实了。再扮演她。

M：那么是谁制造了镜子里的映像？哈哈哈……

你问住我了……我没有答案给你。就该这样，你是我的映像。

F：对团体说这句话。

M：就该这样，你是我的映像？

F：嗯哼。

M：（非常低）就该这样，你是我的映像……（继续，声调变换着）就该这样，你是我的映像。就该这样，你是我的映像。就该这样，你是我的映像。

F：那么你实际体验到什么？

M：嗯，我感觉上半截想要动，就像里面充满血液。

F：动它。（弗里茨伸手抓她的手）让我……它——它还没有暖和。

M：有一点暖，出汗了。哇哦，这里的空气。噢，哇哦！我刚刚在哪里呢？

F：你刚刚在哪里呢？

M：我不知道。

F：当你回到这张椅子的时候，你处在一种恍惚的状态中，你不在这里。

M：疯狂。

F：嗯。这个世界之外，就是你去的地方。

M：简直疯狂。

F：能看见我吗？

M：当然。我刚想起来阿贝昨天在按摩课堂上做了类似催眠的事情……嗯，现在我感觉它又回来了。

F：回到了你的恍惚？/M：是的。/好的，回去。/M：回去？/回到你的恍惚。

M：嗯，现在我感觉手上全是这种运动，沿着脖子下来，全是这种运动。

F：现在去死、死去更困难了。

M：嗯……噢……哈……我的手在做按摩，就像今天我按摩戴尔的腿的时候，我们做的那样，真的变得兴奋了，很有节奏。

F：闭上眼睛，现在回到那里。

M：哪里？

F：戴尔的腿。

M：我在敲击，我看到莫莉是这么做的，她用整个人做那一整套，所以我模仿她站立的方式、所做的动作，我真的接触到那条腿，我感觉到里面所有的肌肉，我真的很在状态。我按摩了整条腿，我真的找到了它的节奏，享受每一分钟。我现在没有那种感觉。时间阻碍了我这样做，但是——

F：好，对那条腿说再见，回到我们中间。

M：很不错。感觉——感觉很宁静……有两只食尸鬼一样的眼睛看着我……

F：你能成为这些眼睛，看着我们吗？

M：它们感觉真大个，它们没有在看。我的意思是，它们看见了我刚才说的所有东西，但是就像——还有更多的东西需要看……

F：现在回到腿，回到按摩。

M：戴尔的腿？嗯，我在按摩小腿，这是真的很顺手的地方。

F：那么你发现了什么？

M：嗯，所有底下的东西！

F：还有什么？……我以为我听到你发现了乐趣、喜悦或者类似的。

M：嗯，似乎事情自己会发展。

F：是的。

M：我不知道——它不算什么——它算个大事吗？你知道，我从中获得了一种劲头。

F：好的。你现在能对团体说吗？

M：嗯，我看到每个人现在都在做自己的事情。托尼在后面某个很远的地方，就像那样，戴尔在做治疗师，朱恩很友好，像个女主人。

F：你的声音仍然不在现实中，仍然在恍惚中。

M：好的……

F：让我们折中一下。现在你没有死，你只是半死。

M：好的……

F：尝试下面这个：让你的上半身对下半身讲话。

M：噢，是的，好的。嘿，你在下面做什么呢？

让我们起身离开，什么在支撑你？

我不知道。椅子。

F：你从椅子那里获得支持，不是你的腿。

M：是的，是的。嗯，你不能起来，用两只脚站着吗？

F：我表示怀疑。

M：我会考虑——我会考虑一下。

F：你上面那里更舒服。

M：是啊，对，对，对，不需要四处走，不需要走向任何人……

F：我想让你去发现地面、地板。

M：好的。

F：起来，看看你能从腿上获得多少支持。

M：（虚弱地）嗯，就像我的脚在那里。我感觉地毯……噢，天啊。每个人看起来如此远……站着我感觉有这么高。

F：啊！你能感觉到你在这个房间里占据了多少空间吗？

M：哇哦！是的。

F：你感觉有十英尺高？

M：可没那么高，没那么高，但是比现实中的我高。嗯，不是很鲜活。（叹气）不，没有连接，没有连接。

F：你知道吗？听起来就像你不是很相信你是存在的。

M：呃……

F：因此我们不存在……你知道禅宗和尚与蝴蝶的故事①吗？庄子梦到他是一只蝴蝶，然后他就想，现在是什么情况？我是一个刚梦到我是一只蝴蝶的和尚，还是一只梦到醒来变成和尚的蝴蝶？

M：好的！那么，回到那条腿。

F：你发现了他的腿，而不是你的。

M：不是，嗯，就像我分不清我自己的手和正在动的身体与那里的腿以及我感觉到的肌肉之间的区别，/F：是，是。/一切都像那样。

F：我不想谈论融合，这是一件太困难的事情，但你的体验是这样的——没有自我边界。

戴尔：这是我第一次陷入幻想世界里，我完全深陷其中。

简：太引人入胜了。我幻想你是一个巫婆，你在催眠我们所有人。但是我享受其中，我享受在恍惚里以及所有那些。

丹尼尔：我们这里有很多做催眠的人，但是没有一个像你这么厉害。

F：嗯，不，这是有区别的。她不是做催眠的人，她是嗜睡的人，她是行走的睡眠者。她被催眠了，在恍惚状态中，每个人都和她在恍惚里行走。对一个艺术家来说这是很美妙的。

简：引人入胜。你令我大开眼界。我刚才经历了一个非常棒的旅程。

M：我甚至不知道你们在说什么。

戴尔：非常真实。我不确定我是否能走出这座楼，并且发现地面还在那儿。实际上我仍然不确定。

---

① 此处应该是记忆错误，提到的其实是庄子梦蝶的故事，庄子不是和尚。

F：无论如何，你带我们所有人进行了一个旅行。现在让我们重新回来。

克莱尔

克莱尔：我想要——

弗里茨："我想要"；离开这个座位。你想要。我不想要任何想要的人。有两种弥天大谎："我想要"和"我尝试"。

C：我比较胖……这是我的存在。（呜咽）我不喜欢，然而我喜欢这样。我持续地用这个事实烦我自己。这点一直伴随着我……我厌倦了为此叫苦……你想让我从这个座位上离开？

F：不。

C：你不是想让我离开吗？

F：不是。

C：那是？

F：不是……我既没有想让你离开也没有不想让你离开。

C：你要坐在这里吗，克莱尔，还是你要尝试对你目前的情况做些什么？（叹气）你只想坐在这里继续胖下去……

　　（此处有删减，她讲述了一个很长的关于肥胖与被拒绝的梦，对此做了大量收获不大的梦工作）

F：好了，现在。我认为我之前告诉过你我的诊断了。

C：就是我是空的。

F：不是。我在肥胖女人身上经常发现这点，就是她们没有自我边界，她们没有一个自我。她们总是通过其他人来生活，其他人变成了她们自己。你不能区分什么是我什么是你。"如果你哭，那么我也哭。如果你过得开心，那么我也过得开心。"这就是你的问题。

C：我应该怎么应对我的问题？我已经——在你告诉我这一点之后，我一直很注意，而且——而且——我那样做了很多次。所以现在怎么办？

F：我不知道。你看，你一直一直讲话，你谈论你的形象、你的自我概念。有一刻（在删减的梦工作中）你成为你自己，和你自己接触，然后你感觉良好、性感……直到你不得不再次——

C：嗯，是啊。我可以保持感觉良好和性感，可以一直做爱，如此这些，并且——并且——并且——但是你只能，你知道，有12个小时左右的时间做爱。（笑声）你无法一直做——

F：你看，又一个幻想……又一个概念。你需要有时有响地吃饭，诸如此类的说法。

C：是的，如果你一直吃，那么你就得做个胖子。

F：现在根据你没有边界这个想法来工作。你触摸到的，你品尝到的，你看到的，无论接触边界是什么，都是模糊的，或者是不存在的，所以你是没有边界的，你不得不变得越来越胖，直到你占据了整个宇宙。

C：我感觉到了，那就是我害怕的。嗯，好吧，好的。所以——关于阿贝——我不知道如何做——我的第一个冲动是就成为阿贝。

F：是的，的确如此。你感觉像阿贝吗？（克莱尔模仿阿贝的姿势）现在，感觉你自己，闭上你的眼睛，获得你自己的觉察。

C：嗯。

F：你感觉到了什么？

C：我在这个位置上感觉舒服。

F；啊哈。还有什么？

C：我感觉和阿贝分开了。我感觉仍然和你在一起，就像我是阿贝的意象，就在这里。但是我感觉我自己的阴道——

F：就这些？除了阴道还有其他东西存在吗？

C：噢，当然。我感觉到我的胳膊和我的手，以及下面的椅子，以这个姿势在这里坐着，很疼。

F：好的，现在回到阿贝，你是如何体验阿贝的？

C：我是分离的，然后我也可以把他带到这里。

F：你能允许他待在外面，和他接触而不是消耗他吗？不吞下他为你的肥胖做贡献？

C：（犹豫地）当然。

F：那么，你体验到什么？

C：他就在那里，他在挠他的腿——

F：是的。

C：看……我在这里。

F：我不是很相信你，我认为你在试图取悦我。

C：我感觉自己在这里，我感觉他在那里。

F：你在那里看到了什么？你体验到什么？

C：噢，鲍勃在晃着他的腿看着。我看见你的胡子，你的眼睛在看着，你的嘴紧闭着——

F：你还在那里吗？……你对他有什么反应吗？

C：（更有活力）是的！我感觉自己在这里是个女人，我对他有性吸引。现在我感觉像在和他调情。我没有感觉到你说的东西，我没有感觉到这点，如果存在极端，我也没有感觉到。我没有感觉到那个——那个——他真的是我或者我真的是他，我也没有感觉到他在那里完全和我分离。我在我们之间感受到一种连接，但这种连接不是——啊，一个真正的连接，只是有点像。

F：选择萨莉……

C：嗯，我看到萨莉在那里，我看到她的脚在动，并且——并且——

F：你是如何体验你自己的？闭上你的眼睛。

C：更像萨莉而不是阿贝。现在我感觉更像萨莉，不过我不觉得这有什么不同寻常。

F：但是你没有对她做反应。

C：我不对我自己做反应。

F：你没有对她做反应。你摧毁了她。你不对她做反应，你通过吸收她的方式摧毁了她。

C：我没有——你说，我吸收了她。

F：而不是对她做出反应。没有接触。接触是对差异的欣赏。

C：换句话说，我对萨莉有什么感觉？

F：是的。

C：嗯，我感觉你只是有点兴趣，我，呃，我——

弗兰克：你仍然在描述。

戴尔：你仍然是她。

C：好吧，你们一个说我仍然是她，一个说我在描述她。

戴尔：是一回事。

弗兰克：很近似。

F：是一回事。在两种情况下你都没有对她做出反应。你自己的自我被屏蔽了。

C：我——我——我现在不是特别在意你是不是对我有兴

趣了。

F：你仍然没有对她做出反应。你在对一个镜子做反应……你能想象一杯水吗？现在，这杯水中的某一滴水如何对剩下的水做出反应？

C：保持分离。

F：（友善地责备）啊咦，啊。存在融合。没有反应。不分彼此。没有接触，没有边界。拿冰块来说——是的，它们可以相互接触。它们接触彼此；其中存在差异。

C：我真的很难理解你说的内容。

F：当然，当然，我知道。你有——

C：冰块……和彼此接触，它们还是独立的冰块。

F：对的。那么水呢？……当冰块融化的时候，它们仍然在接触吗？

C：它们混在一起了。

F：它们融合了，接触的感觉都飞走了。

C：好吧，水让我搞不清楚的一点是我——有人曾告诉我一滴水的确是独立的，而我不知道。

F：你在撒谎，没有人这样告诉过你。

C：嗯，我不/F：你在撒谎。/愿意动用我的权威。

F：你在编造，这是你临时编的。

C：我不想要处理那点。我想要处理冰块和其他混在一起的东西……空气……空气粒子——一直在变动，并进入其他部分。我甚至想象不出空气粒子是什么样的。

F：好了，我给你展示点东西。看我的香烟冒烟……你看到烟了吗？/C：是的。/现在看着它。它在和空气接触，对吗？/C：是的。/你能看到接触消失，融合变得越来越多吗？

C：是的，直到它们全部纠缠在一起。

F：现在你能告诉我，什么是烟，什么是空气吗？

C：不能。

F：这就是你的处境。你不知道什么是烟，什么是空气。接触是对差异的欣赏。你不知道什么是自我，什么是他人。我会说也许你的性关系是个例外。从你的描述来看，你的生殖器仍然有接触的功能。甚至在这一点上，我也不十分确定。当你性交的时候，你能感觉到你的阴道和阴茎之间的区别吗？

C：当然。

F：好的，那么存在接触。那么很明显你密集的性——

C：当我触碰一个人的时候，我也感觉得到。他们和我是分离的。现在你和我就是分离的。这就是我不明白的。我不是你。我根本没感觉我是你。

F：嗯。

C：嗯，我……

戴尔：你把一些东西投射到一个人身上，然后拿回来的唯一方式就是吸收那个人。

C：那——我倒是愿意尝试吸收，并看看我可以如何处理。这听起来很陌生。如果我把我认为的史蒂夫的感受投射给他，那么我就是在对他投入一些东西，然后我需要把它收回来。这是你的意思吗？

弗格斯：那么我认为你要做的事情就是变得越来越胖。

C：（讽刺地）噢，谢谢你。

F：现在，比如，你们完全甘愿被她吞噬。她扮演饥饿、愚蠢："你们需要喂养我。"每个人都凑过来想要被她吞噬。这件事请不要做——无论何时一个人卡住了，不要过来拯救……

C：是的。我感觉那可以轻易让我停下这段特别的工作。你
们知道，要我说我试图吞噬人，你们知道，那我就得对我自己说
我已经说过很多次的话：如果你想减肥，你完全没有理由不减
肥。你只是想要把人们吸进来，为你自己感觉难过什么的。嗯，
我已经和这些生活了好多年了。

F：现在，你试图吞噬我。

C：是的，的确如此，我知道这点。所以我的一个——那么
它会为我带来什么？它仍然留给我愚蠢的问题和……/F：仍然
让你饥饿。/我在扮演愚蠢。

F：所以你仍然饥饿。

C：是的……这喂养了另一个问题。

F：这喂养了另一个问题……

C：所以现在我说，好吧，我要如何处理这个？我仍然被它
困扰。

F："给我答案，我该如何处理。快点，快点，给我，给我，
给我。"

C：我——你知道——真的，我甚至不再想要答案了，因为
没有人真的——你知道——每个人都有一个答案，它对我没有任
何好处。

F："快点，给我正确的答案，一个真正能滋养我的，让我
从僵局中脱身。"

C：所以我又回到了相同的东西上。我是那个需要给我自己
答案，告诉我如何从僵局中脱身的人。

F：不，答案不管用。

C：那么，到底什么有用？……什么有帮助？

F：又一个问题。"快点，快点。"

C：答案是，如果你不想吃饭，你就停止进食。

F：这里出现了僵局的所有症状。旋转木马——除了病人，每个人都看到了显而易见的东西。她把你逼疯。她卡住了，她处在绝望里，调动她所拥有的一切噱头和把戏，离开僵局。我感觉你从某种内在的感觉开始，即你感觉到你是死的，你称之为无聊，无聊和空虚，你需要填补你自己……

C：是的。我在无聊和空虚的时候的确会吃东西。有时候当——我吃饱了、不无聊的时候，也吃东西。

简：你死了吗，克莱尔？

C：（清喉咙）……我没感觉死……噢，该死。

F："我感觉我死了。当我无聊的时候我感觉我死了。不，我没感觉我死了。"所以你又在旋转木马上了。

C：不，我只是无聊空虚，不是死了。

F：那么扮演无聊和空虚。

C：无聊和空虚，我——当我拒绝和我自己接触的时候，当我没有和我自己接触的时候。这是我对自己使的小把戏。

F：千真万确。你不是和自己的无聊和空虚接触，而是想要再次用其他的东西填充——

C：是的！而且这也没有用。

F：当然不管用。

C：从来不管用。

F：你可以购买一百万美元的假花投放到沙漠里，但是它仍然不会绽放。

C：是的，是这样。

F：如果你回避你的空，用虚假的角色和愚蠢的行为来填充，不会有结果。但是如果你真的和空虚接触，某些事情就会发生，沙漠开始绽放。这就是贫瘠的空和盈空之间的区别。好了。

简（一）

简：啊，在我的梦里，我回家看我的妈妈和家人……我——我在开车从大苏尔去——去我妈妈的家……

弗里茨：现在发生了什么？

J：这里真的很恐怖，我不知道会这么恐怖。（这个工作坊在一个大房间里进行，有三十个另外一个研讨会的人在旁观）

F：闭上你的眼睛……和你的恐惧待在一起……你是如何体验你的恐惧的？

J：我胸部上面的颤抖，（叹气）急促不均的呼吸。啊，我的——我的右腿在颤抖。我的左腿现在——现在我的左腿在颤抖。如果我闭眼时间足够长的话，我的胳膊也会颤抖起来。

F：恐惧在哪一刻出现的？

J：我向那里看的时候。（笑声）

F：那么再看一次，和那里的人讲话，"你让我感到恐惧"，或其他的。

J：嗯，现在没有那么糟糕了。我在挑选。

F：那么你挑选了谁？

J：哦，玛丽、埃伦、艾莉森、约翰，我跳过了一堆脸。

F：现在让我们把你的爸爸和妈妈叫到观众席上。

J：我不会看他们。

F：对他们说这句话。

J：啊，无论你们坐在哪里我都不会看你们……因为我不——你想要让我解释吗？噢，不。（笑声）好吧，我不会看你们，妈妈爸爸。

F：当你不看他们的时候，你体验到什么？

J：更多焦虑。当我告诉你这个梦的时候，就像——都是一样的。

F：好，跟我讲讲梦。

J：好的。我正在回家看我的妈妈和爸爸，我开车的时候一直焦虑着。我——有很长一段台阶通向房子，大约有六十阶。在梦里我变得——每走一步我都更害怕。所以我打开房门，房间里非常暗。我叫我的妈妈，噢，我注意到车都在，所以他们在家呢。我叫我妈妈，但是没有回应。我叫我的爸爸，但是没有回应。我叫孩子们，也没有回应。所以我——是一个非常非常大的房子，所以我一个房间一个房间地找他们，我到了卧室，我的妈妈和爸爸在床上，但是他们——他们——不是我的——他们是骷髅。他们没有任何皮肤。他们不是——他们不说话……他们什么也没说。我发抖——这个梦一次又一次地发生，最近我获得了足够的勇气去摇晃他们，但是……

F：在梦里你可以扮演……当你摇晃他们的时候发生了什么？

J：啊，没什么。我的意思是我——我只是感觉到一具骷髅——一具骷髅。我在梦里真的很大声地对他们两个喊，我叫他们醒醒，他们没有醒，他们还是骷髅。

F：好的，让我们重新开始。你现在进入房间，好吗？

J：好的。我正在进入房间，我首先——我首先走到厨房，非常暗，它的味道不像我记忆中的，它闻起来发霉了，似乎有很长时间没有使用了。我也没有听到任何动静。通常是非常吵闹的——很多孩子的吵闹声。我没有听到任何吵闹声。然后我去了我以前的卧室，里面没人，干净整洁。一切都很整洁，一切都没人碰过。

F：我们让你梦里的厨房和卧室进行对话。

J：厨房和卧室。好。我是厨房，我和平时闻起来的味道不一样。我通常有食物的味道、人的味道；现在我闻起来是尘土和蜘蛛网的味道。我通常不是很整洁，但是现在我非常非常整洁。一切都被收走了，没有人在我里面。

F：现在扮演卧室。

J：卧室……我非常——我是整洁的……我不知道如何遇见厨房。

F：就自夸一下你是什么样的。

J：嗯，我和你一样整洁，我也非常整洁。但是我闻起来和你一样不好，我闻起来不像香水，我闻起来也不像人，我闻起来就像尘土。只是我的地板上没有尘土。我非常整洁、干净。但是我不好闻，我感觉也不像平时那么好。我知道当简回来，看到我这么整洁、空无一人的时候，她会感觉很糟糕。她进入我就像在梦里进入你一样。她非常害怕。我们非常——我非常空洞。我非常空洞。当你在我里面发出声音的时候，会有回声。这就是在梦里的感觉。

F：现在再成为厨房……

J：我也很空洞，我，噢……

F：嗯？发生了什么？

J：我感觉空虚。

F：现在感受你的空虚。/J：嗯。/和空虚待在一起。

J：好的，我……现在感觉不到它。等一下。我丢掉了它。

我很——你知道，我——

F：和你现在的体验待在一起。

J：我又有焦虑的感觉了。

F：当你成为厨房的时候吗，是吗？

J：是的。我是厨房……我里面没有新鲜空气。没有好的——我应该与卧室相遇。嗯，噢……

F：把这些告诉卧室。

J：我和你一样发霉了。这感觉非常矛盾，因为我非常干净无瑕。简的妈妈一般不会把我整理得这么整洁。她通常都很忙，没时间让我整洁。我有点不对劲。我没有获得通常获得的关注。我死气沉沉的，我是一个死的厨房。

F：再说一遍。

J：我是死的。/F：再来。/我是死的。

F：你是如何体验死的？

J：嗯，它感觉不坏……

F：现在保持目前的状态，同时觉察你的右手和左手，它们在做什么？

J：我的右手在颤抖并且向外伸。左手攥得很紧，我的手指甲推进了手掌。

F：你的右手想做什么？

J：它这样还好，我认为它想停止颤抖。

F：除此之外，还有别的吗？它想要停止吗？去触碰？我不能读懂你的右手。继续动作。（简用右手做触碰的动作）你想要向外伸展。好。你的左手想要做什么？

J：我的左手想要缩回，它缩得很紧。我的右手感觉很好。

F：那么改变。现在让左手做右手做的动作，反过来，用你的左手向外伸展。

J：不……我的左手不想伸出来。

F：伸出左手有什么困难？

J：感觉很困难，我的右手没有紧握，它是无力的。我可以做到，我可以做到，嗯……

F：这会很刻意。/J：对的。/现在再伸出你的左手……（温柔地）向我伸过来……（简伸过来……叹气）……现在发生了什么？

J：它开始颤抖……我阻止了它。

F：现在像最初那样让你的右手和你的左手相遇。"我在缩回，你在向外伸展。"

J：我是右手，我在伸展。我是自由的，非常放松，甚至当我颤抖的时候，也感觉不错。我现在在颤抖，我感觉不错……

啊，我是左手，我不伸展。我握成一个拳头。我的指甲很长，所以当我伤害自己的时候，当我握成拳头的时候……喔……

F：嗯，发生了什么？

J：我伤到了自己。

F：我想要告诉你普遍的情形，我不知道这是不是你的情况。右手通常是一个人男性的部分，左手是女性的部分。右边是攻击性的、主动的、向外的部分，左边是敏感的、接受的、开放的部分。现在试试这是不是符合你的情况。

J：好的。你知道大嘴巴可以出来了。/F：嗯。/但是温柔的部分……不是这么容易……

F：好的，再一次进入房间，和你遇到的东西相遇——也就是，安静。

J：和安静相遇。/F：安静，对。/成为安静？

F：不，不。你进入房间后遇到的都是安静，是吗？

J：是的。你让我心烦，安静让我心烦，我不喜欢。

F：对安静说这句话。

J：我正在说，他就坐在那里。你让我心烦，我不喜欢你。当我在你身边时我没有听到什么；当我听到了声音，我也不喜欢。

F：安静怎么回应？

J：嗯，我从来没有机会靠近，因为你小的时候，周围一直有很多孩子，你的父母都很吵闹，你也很大声，你真的不是很了解我。我认为也许你害怕我。你可能害怕我吗？

现在让我们试一试。是的。我现在没感觉到害怕，但是我可能害怕你。

F：那么再一次进入房间，遇见安静，回到你的梦里。

J：好的。我在房间里，非常安静，我不喜欢这样。我不喜欢非常安静。我想要听到声音。我想要听到厨房和卧室里的声音，我想要听到孩子们的声音，（声音开始破裂）我想要听到我的妈妈和爸爸大笑、讲话，我——

F：对他们说这句话。

J：我想要听到你们大笑、讲话。我想要听到孩子们的声音。我想念你们。（开始哭）我不能让你们走……我想要听到你们的声音。我想要听到你们的声音……我想要听到你们的声音。

F：好了，现在让我们反转梦。让他们说话，让他们复活。

J：让他们复活。/F：对的。/他们在我这里。

F：你说你尝试摇醒他们，他们只是骷髅。/J：（恐惧地）噢。/我想让你成功。

J：你想让我遇见——我混乱了。（停止哭泣）

F：你在卧室里，对吗？/J：是的。/你的父母是骷髅。/J：嗯。/骷髅通常不会讲话。他们最多颤抖着发出响声。/J：是的。/我想让你复活他们。

J：让他们活过来。

F：让他们活过来。到目前为止，你说你会屏蔽他们。这就是你在梦里做的。

J：在梦里我摇晃他们。我拿起他们，我摇他们。

F：对他们讲话。

J：醒醒！/F：再来。/

（大声地）醒醒！/F：再来。/

（大声地）醒醒！/F：再来。/

（大声地）醒醒！……还有……（大声地，几乎哭着）你们听不到我的声音！你们为什么听不到我的声音？……（叹气）他们不回答，他们什么也不说。

F：来，假装。创造他们，复活他们。让我们玩一个假装的游戏。

J：好吧。我们不知道我们为什么听不到你的声音，我们不知道——我们不知道我们甚至不想听到你的声音。我们只是骷髅。或者我们仍然是骷髅吗？不……我们不知道我们为什么不能听到你的声音。我们不知道我们为什么是这样。我们不知道你为什么发现我们是这样的。（哭泣）也许如果你从来没有离开的话，如果你从来没有离开的话，这就不会发生了。感觉对了，这就是他们会说的话，这就是他们会说的话。

F：好了。再回到你的座位上……

J：我感觉我想要告诉你们我离开得太快了，而且我也不能

走得太远。（几乎哭泣）

F：告诉他们你仍然需要他们。

J：我仍然需要你们。

F：更详细地告诉他们你需要什么。

J：我仍然需要我妈妈抱着我。

F：告诉她。

J：我仍然需要你抱着我。（哭泣）我想要做一个小女孩，有时候——忘了"有时候"。

F：你还没有对她说话。

J：（啜泣）好的。妈妈，妈妈，你认为我已经很大了……我认为我很大了，但是我有一部分没有离开你，我不能——我不能放开。

F：你看到这是我们上次工作的继续了吗？你以钢铁女孩的样子出现，然后温柔出现了。现在你开始接受你拥有温柔的需要……那么成为你的妈妈。

J：（踌躇地）你知道你想什么时候回来都可以，简。但是情况不一样了，因为我有其他女孩需要照顾。我要照顾你的妹妹们，她们都是小女孩，你是一个大女孩，你现在可以照顾自己了。我很开心你长这么大了，我很开心你这么聪明……无论如何，我不知道再对你说什么了。我的意思是我知道——我尊重你，但是我有一半的时间都不懂你……（啜泣）而且，而且……

F：现在发生了什么？你停下的时候发生了什么？

J：我感到胃疼，我感觉沮丧。

F：告诉简。

J：简，我……（哭泣）我胃疼，我感到沮丧，因为我不懂你，因为你做有趣的事情，因为你很小的时候就离开了，你一直没有真正地回来过。你从我这里跑开，我爱你，我希望你回来，你没有回来。现在你想回来，太晚了。

F：再扮演简。

J：（不哭了）但是我仍然需要你，我想坐在你的腿上。你有的东西没有人能够给我，我仍然需要一个妈妈。（哭泣）……我不相信——我不相信我说的。我的意思是我可以同意我正在说的，但是——

F：好了，让我们中断，不管怎样，你醒了。回到团体里。你是如何体验我们的？你能告诉团体你需要一个妈妈吗？

J：嗯。（笑声）（简笑了）我可以告诉你，弗里茨。啊，不，太多人了。

F：好吧，现在我们看看是不是能把这些串在一起。现在让你依赖的孩子和钢铁孩子相遇。/J：好的。/它们是你的两极。

J：（扮演钢铁女孩）你真的是废物，你听起来就是个废物。你在附近——你在附近很长时间了。你已经学习到了很多，你知道如何靠自己。这和你有什么关系？你哭什么？

嗯，我有时候喜欢无助，简，我知道你不喜欢。我知道你经常不能忍受，但有时候它就是出现了。比如，如果它不出现，我就不能和弗里茨工作。我可以隐藏它……很长时间，但是……如果你不向我坦诚，我真的——我会一直出来，也许你永远长不大。

F：再说一遍。

J：我会一直出来，也许你永远长不大。

F：非常邪恶地说出来。

J：我会一直出来，也许你永远长不大。

F：好的，再成为钢铁女孩。

J：（叹气）嗯，我一直尝试踩你、隐藏你，把你推到角落，让每个人相信你不存在。你还期待我怎么对待你呢？你想要从我这里获得什么？

我想让你倾听我……

F：钢铁简愿意倾听吗？

J：我刚开始倾听……好吧，我会给你一个机会。我感觉如果我给你一个机会……（右手做了一个威胁的拳头）

F：怎么？怎么？——不，不，不，不要，不要隐藏。出来。你没有给她机会，你给了她一个威胁。

J：是的，我知道，这就是我一贯的做法。

F：是的，嗯……给她两者，既给她威胁也给她一个机会。

J：好的，我会给你一个机会。（右手做了召唤的手势）

F：啊哈，这意思是"到我这里来"。

J：是的，让我们一起，让我们一起看看我们可以做什么……但是我警告你，（笑声）要是你用你的方式愚弄我的话，简，用你的哭泣和依赖……你永远不能让我长大。（深思熟虑地）我永远不会让你——嗯。（笑声）好的。

F：再成为另外一个简。

J：我不想长大，这部分的我不想长大。我想保持我的样子。

F：再说一遍。

J：我想保持我的样子。

F："我不想长大。"

J：我不想长大。/F：再来。/

我不想长大。/F：大点声。/

我不想长大。/F：大点声。/

我不想长大。（声音开始破裂）/F：大点声。/

我不想长大!

F：用你的整个身体说。

J：（哭泣）我不想长大!我不想长大。我厌倦了长大。（哭泣）真是太他妈难了!（叹气）

F：现在再成为钢铁女孩。

J：的确难，我知道这很难。我可以做到，我可以做一切，我一直在证明这一点。你到底怎么了？你总是在我后面，你需要跟上我的步伐……来，跟上我……

好的，我会跟上你的，简，但是你需要帮助我。

F：告诉她她可以怎么帮助你。

J：你需要允许我存在，不威胁我，不惩罚我。

F：再说一遍。

J：（几乎是哭着）你需要允许我存在，不威胁我，不惩罚我。

F：你可以不带眼泪地说吗？

J：（冷静地）你需要允许我存在，不威胁我，不惩罚我。

F：对团体说这句话——同一句话……

J：你需要允许我存在，不威胁我，不惩罚我。

F：对雷蒙德（未婚夫）说这句话。

J：（哭着）你需要允许我存在，不威胁我……你知道的……

F：明白了吗？

J：是的……

F：好了。

简（二）

简：我昨天做了个梦，我想对它工作。我在一个狂欢节上，非常吵闹，一片忙乱……我穿过人群，我撞上别人，他们也撞到我，我玩得不开心。我拉着我弟弟的手，防止他走丢。我们穿过人群，他说他想去一个——呃，狂欢游览车，人们坐进一个个小座位，穿过一条隧道。然后，呃……

弗里茨：回到"然后"那块。你用"然后，然后，然后"，就像你害怕让事情自己浮现一样。

J：是的，因为我们没有任何钱了，我们没钱去游览。我脱下手腕上的手表，递给我弟弟，我让弟弟问售票员是不是可以用表换两张票。他回来后告诉我售票员不收手表，所以我们打算溜进去。

F：好了。让我们从头开始整个梦。这一次你不是在做梦，而是你的弟弟在做梦。

J：（更活跃地）好吧，我们在狂欢节上，真的很有意思，除了我姐姐抓着我的手这一点。她握着我的手腕，这样她就不会弄丢我。她让我——她紧紧地握着我的手腕，我想——我想让她放开我。我真的不关心我是否走丢，但是她担心，于是我让她握着我的手。我想坐游览车，我不在意她是不是想和我一起去，但是我现在知道了除非她也能去，否则她是不会让我去的。她不……她不想一个人……我们没有钱坐游览车，她把她的手表递给我。我真的很开心——我们有一种可以进入的办法。我起身走向售票员，没有用，但是我真的很想去坐游览车。

F：再说一遍。

J：我真的很想坐游览车。/F：再来。/

我真的很想坐游览车。/F：再来。/

（声音更大）我真的很想坐游览车！

F：我不相信你。

J：噢……我不想，我弟弟想。（笑）嗯。我真的想坐游览车，简。我真的想去……无论你是不是和我一起去，我都想去。好玩。所以给你你的手表……所以她把手表给了我。售票员说不可以。简！我们溜进去。她不想。好吧，我要溜进去。噢。你不想放下我自己走，所以你也和我一起溜进去。好的。那么我们一起溜进去，现在，我拉着你的手，而不是你拉着我的手，因为我会帮助你溜进去。所以抓紧了，低头穿过门，我个头很小，我很年轻——

F：现在中断它。闭上你的眼睛，体验你的手。

J：嗯。我的右手是僵的，非常僵硬，它在指指点点。我的左手在颤抖，它张开了。它——嗯，两只手都在颤抖。两只手都在颤抖。我的膝盖和我的脚踝感觉僵硬。我的胸口没有像通常那样感觉沉重。但是我在椅子上感觉沉重，我的右手在指指点点。现在……

F：我注意到当你拉的时候，右手是弟弟，左手是简。

J：嗯……我忘记我进行到哪儿了。我是简。噢，我们将会——是的，我会溜进去，所以我很害怕，但是与溜进去后被抓相比，我更害怕失去他，所以我抓着他的手，我抓着他的手——

F：等一下。你弟弟叫什么名字？

J：保罗。

F：保罗仍然在做梦。

J：噢，好的，那么握着我的手。我知道你做这样的事情有多害怕，但是我也知道你太害怕我会走丢，所以我可以让你和我一起溜进去，因为我可以让你和我一起溜进去，因为我想要溜进去坐游览车。我喜欢好玩的，无论你是否害怕，我都会获得乐趣。所以我们去——我们从扶手下过去，从人们的大腿间过去，来回游走，通过售票员——

F：我不相信你。你不在梦里。你的声音变得啊哦哦哦呃呃呃……

J：我的腿疼，我腿的上半部分有点疼……简在我旁边。我们会——我们会（声音变得更有感染力）——我们从人们的腿之间走过，我们——我们在爬，并且（鲜活、快乐）我喜欢这样，我喜欢这样做，她害怕了。（叹气）我们将——我们将走到门那里，我们将穿过那扇门，她拉着我，我拉着她。我想把她推过去，她不愿和我一起过来。所以我抓起她的手腕就像她抓我的手腕一样，但是我拉不动她，她用手和膝盖爬，我一直拉着她。我们通过——通过了那扇门，我跳上了游览车，我让她站在那里，一个小土块挡住了门，她不——她丢掉了我。一旦我到那里，我就可以坐上车……

F：现在对简说再见。

J：再见，简！……我——我不想对她说再见。我宁可去玩……简站在那里看起来像个傻瓜。她站在那里，双腿颤抖着，我一点儿也不关心，我真的不关心，对她说再见很容易。（笑）她像傻子一样站在那里，她在叫我，她在叫我的名字。她看起来狂乱，她看起来像处在惊恐中。（不感兴趣地）但是我真的想要玩。她没事的。

F：好了，现在再换角色，再成为简。

J：这个梦非常长。

F：已经有那么多了。

J：再成为简，好吧。我和我弟弟在狂欢节上，我们正通过——我真的觉得我不想到这里，而且——

F：告诉我们，告诉我们你的位置……

J：我刚才说了什么？

F：你的整个位置。情境是开放的，对吗？很清晰。你的弟弟在，你也在。你想要抓着他，他想自由。

J：嗯，我认为——我认为他比我小，他比我小，我不想让他——做那些——我做过的。我想（轻声并犹豫地）保护他之类的。我抓着他。我认为我——我认为我一直尝试做我妈妈做不到的……疯了，这真是疯了……我对他说，我告诉他，保罗，停止使用毒品，停止在周围闲逛。（哭泣）停止尝试获得自由，因为你会后悔。当你二十岁的时候，你会后悔。

现在我需要站在他那一边。他会说，你怎么能告诉我不要做你做过的事情——你十六七岁做的？你怎么能这么说呢？这不公平。我喜欢我做的事情。别管我！你是——你真是一个婊子。你就和我妈妈一样，你是这样的一个婊子。你已经这样做了，你怎么还能做这样一个婊子？……（叹气）

我……我尝试照顾你。我试着照顾你，我知道我做不到。（哭泣）我知道我需要放开你，但是在梦里我一直尝试抓住你，让你安全，因为你的做的事情是很危险的！……你会把一切都搞砸的。（哭泣）

但是你没有全搞砸！所以看看你！你已经变了，你真的变了。你不再撒谎了，没那么多了。（笑声）你不再像你过去那样使用很多毒品。我也会变成那样。我只是需要做我必须做的。

你不信任我，是吗？你像我妈妈一样，你不信任我，你认为我不强大。

F：好了，简。我觉得你可以自己解决这一点。我现在想做些其他的事情，我想要从开头开始。总是看梦的开头。注意梦在哪里发生，你是否在车里，是否发生在汽车旅馆、大自然或公寓里。这总是会立即给你关于存在背景的印象。现在你这样开始你的梦——"生命是一场狂欢"。现在就"生命是狂欢"发表演说。

J：生命——生命是一场狂欢。你上了这趟游览车，又下车。你继续这场旅途，你又离开。然后你遇到各色的人，你遇上各种各样的人，有些人你着眼观看，有些人你视而不见，有些人真的惹火你、真的撞到你，其他人则不会，他们和颜悦色。在狂欢节上你赢得一些东西，你赢得奖品……一些游览——大多数游览，这些旅途，是让人害怕的，但是它们有意思。它们既有意思又让人害怕。拥挤不堪，人满为患，数不尽的脸……在梦里，我——我在狂欢中抓着某人，而他想要经历所有的旅程。

简（三）

简：我开始的那个梦，上次处理过的，我从来没有完成过，我认为最后一部分和第一部分一样重要。上次说到我在爱的隧道里——

弗里茨：你在挑剔什么？（简开始挠她的腿）

J：啊嗯。（清喉咙）……我只是在这里坐一分钟，以便让我能真的在此地。一边说话一边和这种感觉待在一起不容易……现在我在中间区域，我——我在思考两件事情：我是应该对梦工作，还是对挑剔工作，因为这是我经常做的事情。我挑剔我的脸，而且……我会回到梦。我在爱的隧道里面，我的弟弟去了——某个地方——在我左边，有一个很大的房间，房间被喷成——我以前教室的颜色，类似褐绿色，我的左边是一些露天看台。我向下看，下面坐满了人。看起来他们似乎在等着坐游览车。一个人周围聚着一大堆人，雷蒙德（未婚夫）在对他们讲话，在向他们解释什么，他们都在听他说。他像这样动着自己的手指，做着手势。看到他我很意外。我走近他，很显然他不愿意和我说话。他乐于与这些人在一起，娱乐这些人。所以我告诉他我会等他。我坐在第三——看台第三排，向下看，看着这一切继续。我变得烦躁，我——发火了，所以我说："雷蒙德我要走了，我不再等你了。"我走出门，我在门外站了一会，我变得焦虑。我在梦里可以感觉到焦虑。现在我感觉焦虑，因为我不是真的想在外面。我想要在里面，和雷蒙德在一起。所以我进去了。我回来，穿过那扇门——

F：你在向我们讲述梦，还是你在完成一项差事？

J：我是在讲述梦吗——

F：还是你在完成一项差事？

J：我在讲述一个梦，但是它仍然——我不是在讲述一个梦。

F：嗯，显然不是。

J：我在完成一个差事。

F：我只给了你两个选择。

J：我不能说我真的觉察到我在做什么。除了躯体上。我觉察到我躯体上发生了什么，但是——我真的不知道我在做什么。我不是让你告诉我我在做什么……只是我不知道。

F：我注意到一件事：当你来到热椅子上的时候，你停止了装傻。

J：嗯，当我上来的时候，我开始害怕。

F：你变得死气沉沉。

J：唔……如果我闭上眼睛，进入我的身体。我知道我没有死。如果我睁开眼睛，"完成差事"，我就死了……我现在在中间区域，我在想我是不是死了。我注意到我的腿冰凉，我的脚冰凉，我的手也冰凉。我感觉——我感觉奇怪……现在我在中间区域。我——我既没和我的身体在一起也没和团体在一起。我注意到我的注意力集中在地板上的火柴盒上。

F：好的，和火柴盒相遇。

J：现在，我停止看你，因为它是——它是一个——因为我不知道发生了什么，我不知道我在做什么，我甚至不知道我是否在讲述事实。

F：火柴盒回应了什么？

J：我不关心你是否在讲述事实，我不在乎，我只是一个火柴盒。

F：让我们用这个尝试一下。告诉我们："我只是一个火柴盒。"

J：我只是一个火柴盒。这样说我感觉很傻。我感觉做一个火柴盒有点蠢。

F：嗯。

J：有一点用，但不是很有用。和我一样的东西成千上万。你可以看我，你可以喜欢我，然后当我被用完的时候，你可以扔了我。我从来不喜欢做一个火柴盒……我不——我不知道这是不是真的，当我说我不知道我在做什么的时候。我知道有一部分的我知道我在做什么。我感觉悬着，我感觉——平稳。我没有感觉放松。现在我尝试理解为什么在两秒之内我就从团体中来到了热椅子上，我整个——我整个人格面具变了……也许因为——我想要对那个椅子上的简说话。

她会说，（带着权威的口吻）好吧，你知道你在哪里。你在装傻，你扮蠢，你做这做那，你把人们困住，你——（大声地）没有说实话！你卡住了，你死了……

当我在这里的时候，我立即——这里的简会说，（微小、颤抖的声音）好吧，这就是——现在我在这个椅子上，处于防御状态。我感觉到防御，我感觉出于某种原因我需要进行防御。我知道这不是真的……所以是谁在挑剔你？是那里的那个简在挑剔我。

F：是的。

J：她在说……她在说，（干脆地）现在当你坐上那张椅子的时候，你需要在此时此地，你需要做对，你需要打开，你需要知道所有……

F："你需要做你的工作。"

J：你需要做你的工作，你需要做对。而且你需要——最重的是你需要完全自我实现，你需要摆脱你所有的困难，沿此继续下去，这不是——不是命令你这样做，但是如果你在做所有这些的时候，能够一路畅快，那是很不错的。试着加点料，这样人们就不会因为无聊睡着了，因为那会让你焦虑。你需要清楚你为什么坐在椅子上。你不能只是坐在那里而不知道你为什么在那里。你需要知道一切，简。

你真的给我制造了困难，你真的让这变得很难，你真的给我施加了很多的要求……我不知道一切。这很难说出口。我不知道一切，此外，我有一半的时间不知道我在做什么……我不知道——我不知道这是不是真的。我甚至不知道这是不是个谎言。

F：再成为你的上位狗。

J：那是……

F：你的上位狗，著名的上位狗，正确的上位狗，这是你的力量所在。

J：嗯，好吧，呃——我是你的上位狗，没有我你活不下去。我是那个——我让你一直被注意到，简。我让你一直被注意到。如果不是我的话，没有人会注意到你。所以你最好感恩我的存在。

可是我不想被注意到；你想。你想被注意到，我不想被注意到。我不想……我真的不想被注意到，不像你那么想。

F：我想让你攻击上位狗正确的一面。

J：攻击正确的一面。

F：上位狗总是正确的。上位狗知道你需要做什么，具有一切批评的权利，等等。上位狗唠叨、挑剔，逼你防御。

J：是的……你是一个婊子！你和我妈一样。你知道什么对我是好的。你——你让我的生活艰难。你让我做事，你告诉我要真实，你要我自我实现，你告诉我要——啊，讲真话。

F：现在请不要改变你的手的动作，告诉我们你的双手在做什么。

J：我的左手……

F：让它们对彼此讲话。

J：我的左手。我在颤抖，我握着拳头，向前伸，并且（声音开始破裂）有点儿——拳头握得很紧，推——把我的指甲推进手心。感觉不好，但是我一直在这样做。我感觉很紧。

F：右手呢？

J：我拽着你的手腕。

F：讲一下你为什么拽着它。

J：如果我放开你，你会打到东西。我不知道你要打什么，但是我必须——我必须拽着你，因为你不能那么做，不能四处打东西。

F：现在打你的上位狗。

J：（短促、尖利的喊叫）啊——哈！啊哈哈！

F：现在对你的上位狗说："别唠叨了——"

J：（大声、痛苦地）别管我！/F：对的，再来。/

别管我！/F：再来。/

（喊着、哭着）别管我！/F：再来。/

（她尖叫着，一次真正的爆发）**别管我！我不必按你说的做！**（仍然在哭）我不必那么好！……我不必坐在这张椅子上。我不必。你逼我，你逼我来这儿！（尖叫）啊哈哈！你让我挑剔我的脸，（哭着）这就是你干的。（尖叫着、哭着）啊——哈哈！我想杀了你。

F：再说一遍这句。

J：我想杀了你。/F：再说一遍。/

我想杀了你。

F：你能用你的左手勒住它吗？

J：它和我一样大……我在勒它。

F：好的，说这句话："我在勒——"

J：（安静地）我会勒你……勒住你的脖子。呜哗。（弗里茨给了她一个枕头，她一边勒一边发出声音）啊哈哈。嗯哈哈。你喜欢这样吗！（呛住的哭泣和尖叫声）

F：发出更多声音。

J：呼呜噜噜！啊噜噜！啊呜噜噜噜！（她继续捶打枕头，哭着、叫着）

F：好的，放松，闭上你的眼睛……（长时间沉默）（温柔地）好了，回到我们。你准备好了吗？……现在再成为那个上位狗……

J：（虚弱地）你本不应该那样做的。我会因此惩罚你……我会因此惩罚你，简。你会为你所做的感到抱歉。最好小心。

F：现在像这样对我们每个人说……对我们每一个人怀恨在心，挑剔我们已经做的一些事情……从我开始。作为这个上位狗，你会因为什么而惩罚我？

J：（突然地）因为蠢……甚至比我还蠢。

F：好的，再继续。

J：雷蒙德，我会因为你这么笨而惩罚你，我会让你感觉像是一个混蛋一样……我会让你觉得我比你聪明，你会感觉自己很笨，而我感觉聪明……我真的很害怕。我不应该这样做。（哭）这样感觉不好。

F：对他说这句话，反过来："你不应该——"

J：你应——你不应该——你不应该——你不应该这么傻，喔，你不应做——你不应该这么傻，你不应该显得这么傻，因为这不好。

F：你又在完成差事。

J：是的，我知道，我不想这样。（哭着）我——我知道我如何惩罚你。（叹气）我会通过变得无助惩罚你。

雷蒙德：你因什么惩罚我？

J：我会因为你爱我而惩罚你，这就是我惩罚你的原因。我想让你爱我变得艰难。我不让你知道我的来去。

F："你怎么这么低级，喜欢我这样的人？"是吗？

J：我是这样的。

F：我知道。你怎么能爱一个火柴盒呢？

J：弗格斯，我会因为你的缓慢——身体上的——惩罚你，但是你的头脑这么快。我惩罚的方式——我会让你兴奋，尝试让你兴奋，这是事实。我会因为你的性抑制惩罚你。我会让你认为我极其性感。我会让你在我周围感觉难过……我会因为你假装知道得很多惩罚你。

F：当你实施惩罚的时候你体验到什么？

J：（更警觉、鲜活）这是一个奇怪的体验，这么长时间以来，我都不知道我之前有过这样的体验。有点儿——是我过去常有的感觉，当我——当我因为我的哥哥对我刻薄而报复的时候。我只是咬着牙想着我可以做的最坏的事情——有点享受。

F：嗯，这是我的印象：你在这里不享受。

J：嗯。

F：好的，回去，再成为上位狗，尽情惩罚简——挑剔她，折磨她。

J：你是唯一一个我尽情惩罚的人……当你声音太大——当你声音太大，我会因为你声音太大惩罚你。（没有享受的声音）当你声音不够大的时候，我会告诉你你太压抑了。当你跳舞太多的时候——当你跳舞太多的时候，我会告诉你你试图用性扰动人们。当你跳得不够的时候，我会告诉你你死了。

F：你能告诉简"我把你逼疯了"吗？

J：（哭泣）我把你逼疯了。/F：再来。/

我把你逼疯了。/F：再来。/

我把你逼疯了……过去我把每个人逼疯，现在我逼疯你……（声音降低，变得非常虚弱）不过是为了你好。这是我的妈妈会说的话。"为了你好。"当你做坏事的时候，我让你感觉内疚，那么你就不会再做了。当你做一些好事情的时候，我会——会拍着你的背，那么你就会记得再做了。我会让你不在当下。我会——我会让你计划——我会让你设想，我不会让你生活——在当下。我不会让你享受你的生活。

F：我想让你这样说："我是无情的。"

J：我——我是无情的。/F：再来。/

我是无情的。我会做一切——特别是如果有人怂恿我做一些事情。然后我就会让你做，简，所以你就可以证明——你就可以证明你自己。你需要证明你自己——在这个世界上。

F：让我们试一下这个："你有份工作要做。"

J：（大笑）你有份工作要做。你要停止到处捣乱——你有很长时间什么都没做——

F：是的。现在，不要改变你的姿势。右边的胳膊到了左边，左边的胳膊到了右边。说刚才那句话，并且保持对这一点的觉察。

J：你很长时间什么都不做。你得做点事情，简。你得是块料……你得让人们因你而自豪。你需要长大，你需要成为一个女人，你需要把你不好的事情藏起来，不让任何人看见，那么他们就会认为你是完美的，完美无瑕……你要撒谎，我逼你撒谎。

F：现在再回到简的位置上。

J：你——你（哭泣）你把我逼疯了。你挑剔我。我真的想勒死你，啊，然后你就变本加厉地惩罚我。你会回来——让我因此落入地狱。所以，你为什么不离开呢？我不——我不再阻挠你了。离开吧，让我一个人待着——我不会祈求你！离开！/F：

再说一遍。/

　　离开！/F：再来。/

　　离开！/F：换椅子。/

　　如果我离开的话你只有一半！如果我离开的话你就是半个人。然后你就会真的搞砸。你不能赶我走。你需要理清和我相关的事情，你会用得着我。

　　那么然后——然后我——我会改变你对很多事情的看法，如果我不得不这么做。

F：啊！

J：并且告诉你我会做的事没有一件是不好的……我的意思是，如果你让我一个人，我也不会做什么坏事……

F：好了，再休息一下。

J：（闭上眼睛）……我无法休息。

F：那么回到我们中间，告诉我们你的不安。

J：我一直在思考怎么处理。当我闭上眼睛的那一刻，我说，"告诉她放松"。

F：好的，现在扮演她的上位狗。

J：放松。

F：让她成为下位狗，你是上位狗。

J：你不需要做任何事情，你不需要证明任何事情。（哭）你只有二十四岁！你不需要成为皇后……

　　她说，好吧，我理解这点。我知道。我只是着急。我无比着急。我们已经有这么多事情要做了——现在，我知道，当我着急的时候，你不能在此时，你不能——当我在着急时，你不能停留在你所处的时刻。你需要保持——你需要保持忙碌，日子流逝，你认为你失去了时间或某些东西。我对你过分苛刻了。我需要——我需要让你一个人待着。

F：嗯，我想要介入。让你的上位狗说："我会对你更耐心一些。"

J：呃，我会——我会对你更耐心一些。

F：再说一遍。

J：（温柔地）耐心对我来说很困难，你知道这点，你知道我有多没耐心。但是我会——我会尝试对你更耐心些。"我会尝试"——我会对你更耐心些。当我这样说的时候，我在跺脚，摇头。

F：好的，说"我不会对你耐心——"

J：（轻松地）我不会对你耐心，简！我不会对你耐心。/F：再来。/

我不会对你耐心。/F：再来。/

我不会对你耐心。

F：现在对我们说这句话……选几个人。

J：扬，我不会对你耐心。克莱尔，我不会对你耐心……迪克，我不会对你耐心。缪里尔，我不会对你耐心。金尼，我不会对你耐心……朱恩，我也不会对你耐心。

F：好了。现在你有什么感觉？

J：不错。

F：你明白上位狗和下位狗还没有合一。但是至少冲突清晰了、公开了，也许会少一点暴力。

J：我感觉，我之前针对梦工作的时候，这个梦的东西，我理清了一点。我感觉很好。我一直——我一直——它一直——我一直回到它。

F：是的，这就是著名的自我折磨游戏。

J：我玩得太好了。

F：每个人都玩。你不比我们其余人玩得好。每个人都认为"我是最差的"。

史蒂夫（一）

史蒂夫：我想对梦的一个片段工作。我站在一片空地前，是晚上，空气非常凉爽，是一个非常舒服的夜晚。我觉得有月光，我隐约看得见，有一片布满番茄株的耕地。

弗里茨：你体验到什么？

S：我的心脏跳得非常快，我的声音很高，有些紧张，怯场。

F：你怎么体验我们的？

S：我把你们排除在外。我进入梦。

F：你会回到我们吗？

S：当然。现在，我颤抖得更厉害了。我感觉我的腿在抖，我的手也在抖。我的左手抓着右手……不让它动。在这里，我剧烈地颤抖。

F：你觉察到我们了吗？

S：没有，不是作为一个——没有。我回到我自己了。我看向你们，我的颤抖减少了……我感觉我前额上有汗水……我继续回到我自己……我看到人，我没有看到任何特别的东西。我看到你们所有人，我对你们没有特别感兴趣……（短暂的笑）我想要回到我的梦……我在请求你们的许可。

F：我不给你许可。

S：啊……

F：我想要针对你和我们接触或分离的程度工作，用正在发生的工作。

S：我现在没感觉和你们任何人有接触。我看着周围，我看见大家相互来往——你和——呃，特迪和海伦娜，还有萨莉。我看到大家互相看着，没有注意我——我没感觉我是其中一部分，我——

特迪：那就是你刚才看到的？

S：不，不是。我刚才回来了，我刚才回来了。不，现在你在看着我。（笑）就在彼时，你们是那样的。就在此时你们看着我，带着一些兴趣。我看见海伦娜仍然悲伤——带着她的悲伤。

海伦娜：我仍然在我的思绪里。（她刚工作过）

S：是的，对的，布莱尔很靠后——远离，不感兴趣。萨莉，你看着我，但是我一点儿没有感觉你看到了任何东西。

F：现在你开始给予注意力了。

S：是的。

F：而不是想要注意力。

S：是的。

F：那么给我们更多的注意力。

S：迪克看起来很忧心，他在摩擦他的脸——你在摩擦你的脸……看起来满怀期待。我不知道鲍勃在哪里。鲍勃，我不知道你在哪里。简，你在看鲍勃……

F：好的，我愿意关注你的梦。

S：好的。我在这个农场，是晚上，是一个充满番茄秧的农场。这个土地潮湿并且肥沃，没有一棵杂草。

F：成为这个农场。

S：成为这个农场。（躺下）我被耕成一列一列的，土壤或许——我是柔软的、潮湿的土壤，我是成列的——呃——中间有沟，水可以从沟里流向我，我滋养着这些植物，有很多杆子插在我的身上，这些杆子支持着番茄株。番茄长在我身上，根扎在我身上，它们长得很高，我凉爽、潮湿、营养丰富。/F：再说一遍。/

我凉爽、潮湿、营养丰富。/F：再来。/

我凉爽、潮湿、营养丰富。我身上还有其他东西。在这片田地的中间有一条栅栏伸向远方，栅栏也扎进我——高大的 4×4 红杉木杆。

F：你用这些栅栏在分隔什么呢？

S：我需要成为栅栏。（站起来把胳膊伸向两边）我是田地中间的栅栏。我真的没有感觉。两边的田地都是一样的。栅栏有两面，我有两面。我有两面，我有好的一面和坏的一面。好的一面对着这边。（后面）坏的一面对着那边。（向前）我坏的一面对着那边。但是我在田地的中间，并且——我没有感觉。我没有目的。两边都是田地。如果我保护这片田或里面的植物的话，我需要在边上，或者从外面围起来。我在中间，两边都是植物……我还没有描述——我想要成为番茄株和杆子，在……

我是支撑番茄秧的杆子，有线缠在我周围，穿过番茄秧，我就像这样支撑着番茄秧。（两臂抱成圆形）如果我没有抓住你，秧蔓，你会——你会沿着地面爬，然后你就接收不到阳光了，因为附近所有其他的番茄都有杆子，它们站得又直又高，我支撑着你。

F：我很难跟上你，所以我建议：成为你的声音。

S：成为我的声音，我的声音听起来有点空。

F："我是——"

S：我是空的，我是——我在一根长的管子里来回回响。我是我的声音。我是我的声音。我——我以悲伤为点缀。我已经——围绕着外面有——我感觉外面像有什么东西阻碍着我。我——我出来了，但是有些东西拽着，有东西拖着我，有东西拽着我。当我出来的时候，外面有东西向后拉着我……

F：我变得越来越沉重。

S：是的……我投下一个幕布……我遮挡着，我覆盖着。我是我的声音。我底端很沉重……我想让你们所有人死去——我想这就是计划。我是我的声音。声音……

F：那么你现在体验到什么？

S：一种沉重的感觉，嘴干……像绞刑，像……一切东西……我感觉像是我在接受绞刑，我——一切都向下拉——我是一个拖累。肩膀上的紧张——我刚放松它。我的肩膀抬起来了。出汗，温暖。

F：好了。你的梦里有任何人吗？

S：没有，没有，只有另外一个部分。我在田地里，我看着它，我就站在那里，另外一边的栅栏着火了，全沿着一面。

F：啊哈。没有完全内爆，没有完全死掉。

S：番茄株活着……是的，火是唯一移动的东西。当我看到火的时候，就像一个闪光，栅栏外面整个就陷入火海。一阵柔和的风朝这个方向吹来，火焰像这样出来——就在这一面。（坏栅栏的一面，面朝前）

F：舞出来，舞动出火焰。

S：（做出跳跃的火焰的动作）我贴着栅栏。我贴着栅栏，但是我——

F：对栅栏说话。

S：我在消耗你，我贴着你，我不能离开你，我需要你，你是我的燃料，但是我正跳出来——离开。我要把这里所有的番茄株都烤焦。我——当我在梦里，是我自己的时候，我认为栅栏是愚蠢的，我想要清除栅栏，但是用火不对，因为火会烧焦附近所有的植物，我不想这样。在——

F：扮演火，作为火对我们讲话。"如果我是火我会消耗你们所有人，这很糟糕。"如此等等。

S：是的。如果我是火，我让你枯萎，我会杀了你们，你们变成棕色的，你们会卷曲，你们——你们会死，你们的果实会凋零，绿色的果子永远不会变熟……甚至你们依附的杆子也会被烧掉。一切都会倒坍、枯萎，又脆又焦——

F：你能用我这个词而不是它吗？"我会做这个。我会——"

S：我会令你们枯萎、焦黄——

F："我会令你枯萎。"

S：我会令你枯萎。我会令你果实凋零。我会杀了你……你会死。我会杀了你。我会杀了你。你会——如果我是火焰。作为火，我会杀了你。不是远处的人，而是任何靠近的人。任何靠近的人。我会杀了你……（慢慢地沉到蹲坐的姿势，大哭了一会儿）……

我想起了我爸爸写过的一首诗。我不知道是不是能全记得。他说的是热爱大海和——

……我无所求于大海……
但是当我的手伸向其他的手，
我的触碰含毒，我的礼物全是——
无理要求、猜忌与质疑。
我厌倦了争吵和痛苦。

我将返航，重归大海之爱。

就是这样。（温柔地）谢谢你，弗里茨。

史蒂夫（二）

史蒂夫：我有一些掐线的活儿要做。

弗里茨：嗯？

S：（用右手在肚脐上做了一个剪的动作）我有一些掐线的活儿要做。

F：嗯？这和我有什么关系？

S：好吧，这是一个宣告，对每个人。我有另外一个苍白、单调、无聊的梦，梦里我又站在田地的中间，只是这是一片不同的田地。这片是——时值季末，有很多的——庄稼和野草。残留的庄稼，已经被收割。这片田地的中央是一棵巨大的橡胶树，但是我怀疑这一切都不相关。重要的事情是里面有一个人物，一个很模糊的老妇人的形象，她允许我留下来摘花，等等——做任何我想做的。这一次在梦里似乎不错，但是当我后来思考它的时候，我不喜欢。

（挑战地）老妇人，你是谁，竟敢在我的头脑里给我许可，在我自己的梦里，在我的梦里晃荡？

（安抚地）我只是想给你许可，我只是——我认为你喜欢这里。我被你的话伤到了……我在中间区域。我在思考——呃。

F：那么对投射工作。告诉我们每个人："我给你许可。我允许你——"展示出施恩的姿态。

S：好的。丹尼尔，我允许你做一个小男孩。雷蒙德，我允许你拥有你幻想的最大的猎枪。简，去——想多彪悍就多彪悍——腰挎双枪。萨莉，想多甜就多甜——变得善良、温柔、甜美和动人。戴尔，待在你的陷阱里！回到你的陷阱！这是一个好地方。我允许你被困住。啊……金尼，你想多困惑就多困惑。去任何你想要去的方向。真的很复杂。你能越复杂越好，而——弗兰克，你是一个出色的小丑——我允许你做一个小丑。永远不要下来。莉莉，我允许你做一根橡皮筋，来回弹动。啪——啪——啪——啪——

F：那么，现在进入相反方向："我不允许你——"

S：好的。我不给你许可。呃。鲍勃，我不允许你做一个禅宗大师，你不能藏在没有表情的脸后面，我不允许你——你必须参与。你必须沉下来。缪里尔，我不允许你继续你的头脑旅行。我不允许你在天空翱翔。迪克，我不允许你去——呃——

F：你觉察到你在吹毛求疵吗？（史蒂夫用右手小幅度做指点的动作）

S：吹毛求疵？是的。

F：开小差。

S：哦，是的。我不知道怎么办？

F：（不动声色地）我允许你不知道怎么办。（笑声）

S：噢，亲爱的。（笑）过去我认为你不会允许我做任何事情！好的。迪克（更慢地），我不允许你——一直卡住。

F：告诉他应该做什么。

S：他和我都应该做同一件该死的事情。（叹气）融化，爆炸，重生，狗屎，愤怒，我不知道是什么。只是——你知道，不受约束……告诉别人做什么事是如此容易。

F：用你的左手说话。

S：用我的左手说话。好的，嗯。阿贝，我不允许你成为权威、君主、独裁者、船长。我不允许你这样做。

阿贝：我应该做什么？

S：成为船员的一分子。成为船员的一分子。既不是船长也不是被诅咒的人，那种从咽喉到屁股被分割的人。扬，我不允许你成为悲剧女王。我不允许你去——呃，一直悲伤。我不允许你——

F：现在把两个合在一起："我既不允许也不禁止你去——"

S：啊，好吧。克莱尔，我既不禁止也不允许你——这样对吗？是的——我既不禁止也不允许你——

F：左手，请。

S：对不起。我既不禁止也不允许你——扮演被虐待的演员，伟大的——啊——情绪夸张者——

克莱尔：放马过来吧。

S：你想要多少就要多少，这是可以的。我既不禁止也不允许你。海伦娜，我既不禁止也不允许你成为自己。你自己的存在方式很棒。你现在没有任何"东西"可以给我。曾有一会儿，出现了中国的观音像，你知道——但是消失了。格伦，我既不禁止也不允许你在害怕的时候变成讲笑话的人……（低语）布莱尔，我既不禁止也不允许你在悲伤、不快乐的小男孩和愤怒的婊子养的权威之间摇摆。

F："你做你的事情，我做我的事情。"从这里开始。

S：嗯，好的，你做你的事情，我做我的事情。南希，呃——你做你的事情，你待在透明的眼镜后面，这是可以的。我做我的事情。

F：什么是你的事情？

S：我的事情？噢！（笑声）啊。（苦恼地）和你的事情一样，南希。（笑声）和你的事情一样。天！我真的感觉活过来了！

戴尔：的确是。

S：弗格斯，你做你的事情，我做我的事情——蹒跚地带着你的肾结石穿过沙漠。（笑声）我会待在我的（笑声）透明眼镜后面。噢，上帝。内维尔，你做你的事情，我做我的事情。你可以像一个被橡胶包裹的高尔夫球一样，被压得吱吱响，我只是待在我的眼镜后面，时不时地向外看，（咯咯地笑）看正在发生什么——也透一点气。朱恩，你做你的事情，我做我的事情。你就继续你的大舞台，从一个场景跳到另一个，你的声音——（模仿呼吸困难）"噢！我有这样不可思议的体验！"（笑声）我做我的事情，在眼镜后面看着你，时不时地看出去。啊，好了。

弗兰克：你漏掉了弗里茨。

S：噢，弗里茨，是啊。（笑声）嗯啊。你做你的事情，我做我的事情。你坐在这里，一口口抽着卷烟，扮演着山大王——你会找谁去做咨询？（笑声）

S：（出气）这是一个很棒的体验，椅子根本不热，他们是如何做的？

F：简单地通过真正地进入一个投射。

S：是的，是的。

F：你选择哪个投射都没关系，只要你能修通道路。

S：是的，真正地活出来，真正地做。

F：这就是我们在投射的工作中想要达成的。一旦声音响起，你就完成了投射，一切都结束了。起先你从一扇窗子向外看，突然你发现自己正看着一面镜子。